건설사업관리의 성 공 전 략

SUCCESSFUL STRATEGY FOR CONSTRUCTION PROJECT MANAGEMENT

CM, PM, PgM의 올바른 활용을 위한 지침서

이교선 · 황충규 · 이우연 공저
현창택 감수

인류는 BC 2,600년경 불가사의한
대형 건축물 피라미드(Pyramid)를 축조하였다.
피라미드의 삼각뿔 구조가 완전체를 의미하듯이
대형 프로젝트의 건설사업관리는 3P의 삼각 구도 속에서
디지털 기술이 융합될 때 건설사업관리의 3대 목표인
비용, 일정, 품질의 가치를 창출할 수 있을 것이다.

CONTENTS

일러두기

1. 각 장, 절의 표기는 국문과 외래어 표기를 병기하였다.
2. 도서명과 학위논문, 법령은 홑낫표(「 」), 중요한 부분을 강조할 때는 작은 따옴표(' ')를 사용하였다.
3. 건설 산업계에서 '건설사업관리'는 감리, CM, PM 등과 혼재돼 쓰이고 있는 실정이다. 본서에서 '건설사업관리'는 「건설산업기본법」 제2조 정의에 따라 건설공사에 관한 기획, 타당성 조사, 분석, 설계, 조달, 계약, 시공관리, 감리, 평가 또는 사후관리 등에 관한 관리를 수행하는 것을 의미한다.
4. 본서에서 사용된 감리, 건설사업관리, CM(Construction Management), PM(Project Management), PgM(Program Management) 등 용어는 독자들의 혼선을 피하기 위해 아래와 같은 관계를 염두해두고 사용하였다.

감리 ≤ 건설사업관리 = CM ⇄ PM ≤ PgM

CONTENTS

추천사

철저한 계획과 세심한 실행이 건설사업관리의 성패를 좌우

글로벌 건설 산업의 트랜드가 급변하고 있습니다. 과거에는 설계·시공 능력이 주를 이루었다면 이제는 프로젝트의 계획, 설계, 시공 및 유지관리에 이르는 전 과정을 효율적으로 관리하고 조정하는 '건설사업관리' 능력이 경쟁력을 입증하는 중요역량이 되었습니다.

실제로 세계 CM·PM 시장 규모는 매년 성장을 거듭하고 있고, 해외 엔지니어링 선도기업들은 관련 경험과 실적을 바탕으로 글로벌 시장을 장악해 나가고 있습니다. 국내에서도 고난도 대형 프로젝트에 PM을 적용하고, 이의 활성화를 위한 법·제도 개선에 여러 노력을 기울이고 있는 가운데, 든든한 길잡이가 되어 줄 지침서가 마침 출간됐습니다.

「건설사업관리의 성공전략」은 철저한 계획과 세심한 실행이 성패를 좌우하는 건설사업관리의 본질을 친절하고 체계적으로 풀어내어, 실무에서 바로 적용할 수 있는 유용한 전략들을 제시하고 있으며, 다양한 프로젝트 수행 사례를 비롯해 프로세스별 전문가들의 역할과 문제 해결 방법까지 한 권에 집대성했습니다.

오랜 기간 현장경험과 전문지식을 바탕으로 유익한 책을 공동집필에 함께 해주신 이교선·황충규·이우연 님께 진심으로 감사드리며, 건설프로젝트의 성공을 꿈꾸는 모든 건설기술인들에게 일독을 권합니다.

한국건설기술인협회장
윤 영 구

건설산업이 경쟁력을 갖추기 위해서는 고부가가치 영역인 건설엔지니어링을 글로벌화 해야

2024년에 발간된 ENR에 따르면, 미국의 세계 건설 시장 점유율은 6.9%로, 2000년대 초반의 30% 수준에서 크게 하락했지만, 엔지니어링 점유율은 20년 동안 10%에서 23.2%로 두 배 이상 증가했습니다. 캐나다의 20.1%를 포함하면, 북미의 엔지니어링 점유율은 43%에 달합니다. 이는 미국의 엔지니어들이 세계 엔지니어링 컨설팅 시장의 거의 절반을 차지하고 있다는 것을 의미합니다.

반면에, 대한민국은 세계 건설 시장에서 6.8%의 점유율을 가지고 있지만, 엔지니어링 시장 점유율은 0.8%에 불과합니다. 이는 한국의 건설 산업은 여전히 시공 중심이며, 엔지니어링은 부수적인 "용역"이나 노동 집약적인 저부가가치 산업으로 여겨지고 있다는 것을 시사합니다.

미국의 건설 산업은 지난 20년 동안 부가가치가 높은 엔지니어링 산업으로 변화했으며, 이는 엔지니어링의 점유율이 높아졌음을 나타냅니다. 또한, 한국의 건설 산업은 고부가가치를 창출하고 급변하는 미래 건설 시장에서 경쟁력을 확보하고 글로벌화 하기 위해 PM/PgM 도입이 절실합니다. 더군다나 최근 가덕도 신공항과 대구경북통합신공항과 같은 고난도 대형 사업들이 추진되면서 그 중요성은 더욱 부각되고 있습니다.

건설 산업이 경쟁력을 갖추기 위해서는 엔지니어링의 점유율을 높이고, 학계와 산업계 모두가 노하우를 수집하고 기술과 역량을 개발하는 데 노력해야 합니다. 31년 역사를 간직한 ㈜토펙엔지니어링 리더십에서 그간 PM/PgM에 대한 노하우를 책으로 담았습니다. 대규모 복잡한 건설사업에서 CM, PM, PgM의 효과를 높이기 위해 전 생애주기에 걸친 프로세스 관리와 참여하는 사람들, 새로운 가치를 창출하는 결과물, 그리고 4차 산업혁명시대에 필요한 디지털 전환 전략까지 망라한 「건설사업관리의 성공전략」을 출간하게 되어 매우 기쁘게 생각합니다. 건설산업에 종사하는 모든 분들에게 이 책을 추천해드립니다.

한국엔지니어링협회장
이 해 경

추천사

이제는 건설산업이 변화되어야 합니다

건설산업에서 건설 엔지니어링 분야는 프로젝트 성공에 핵심적인 역할을 수행합니다. 국민의 삶의 질을 높이고, 건설 과정의 안전과 프로젝트의 효율성·생산성을 극대화하기 위해서는 국내 건설 산업의 낡은 폐단을 버리고 과감하게 변화되어야 할 시기입니다.

건설사업의 투입비용을 절감하기보다는 합리적인 비용을 투입하고, 무리한 공사 기간 단축보다는 생애 주기기간에 걸쳐 최적화Optimization 관리를 통하여 가치를 창출함으로써 건설 산업을 발전시켜야 하는 사회적 요구를 충족시켜야 합니다.

국내에서는 대규모 건설사업을 성공적으로 수행하여 고객을 만족하게 하고 가치를 창출한 건설사업 사례가 있습니다. 바로 1990년대부터 시작된 인천국제공항 건설사업과 2007년부터 시작된 서울 용산의 주한미군을 평택으로 이전하는 주한미군기지 평택이전 사업입니다. 이들 사업의 공통된 특징은 국내·외 엔지니어링 기업 간 컨소시엄을 구성하여 고객의 가치를 실현한 사례들입니다. 이러한 수행 사례에서 교훈을 도출하고 우리 건설 산업이 나아가야 할 방향을 찾는다면 의미가 있을 것입니다.

토펙엔지니어링 리더십의 저자들을 통하여 그동안 축적한 선진 건설사업관리 기법을 사장되지 않게 정리하여 「건설사업관리의 성공전략」을 소개해 주셔서 감사하게 생각합니다. 이 책은 건설사업관리 성공을 위하여 3P(사람들, 프로세스, 결과물) & 디지털 전환을 제시하여 고객의 가치 극대화를 위한 중요한 가이드 라인을 제공합니다. 건설 산업에 참여하는 분들에게 이 책을 추천해 드립니다.

한국건설엔지니어링협회장
송 명 기

건설산업의 핵심, 건설사업관리! 선택이 아닌 필수입니다.

1994년 성수대교 붕괴와 1995년 삼풍백화점 붕괴 이후, 부실 공사 방지를 위한 노력은 건설 산업의 핵심 과제로 떠올랐습니다. 이러한 노력의 일환으로 건설 현장의 안전과 품질을 책임지는 '책임감리제도'가 도입되었고, 1997년부터는 건설 공사의 품질 향상, 사업 효율성 증대, 건설 산업 선진화를 위해 '건설사업관리CM'가 국내 건설 시장에 도입되었습니다. 하지만 초기 CM은 감리와의 차별성을 명확히 인식시키지 못하고 단순히 감리의 확장 개념으로 여겨져 용어 혼란을 야기했습니다.

건설사업관리CM란 건설 프로젝트의 시작부터 완료까지 발주자의 목표를 달성하기 위해 전문적인 관리기법을 활용하는 종합적인 서비스입니다. 쉽게 말해, 건설 프로젝트의 성공을 위한 모든 관리 업무를 전문가가 맡아 해결하는 것입니다. 건설사업관리는 각 나라, 전문가마다 CM, PM, CPM, PCM, PMC 등 다양한 이름으로 불리지만, 핵심은 발주자와 계약 당사자간의 합의에 따라 업무 범위와 내용이 결정된다는 것입니다. 즉, 이름이 무엇이든, 발주자의 요구에 맞춰 맞춤형 서비스를 제공하는 것이 건설사업관리의 본질입니다.
이 책은 혼재된 용어를 '건설사업관리'로 통합하여 정의하고, 성공적인 건설사업 수행을 위한 명확한 전략을 제시합니다. 국내 법적 체계 안에서 건설사업관리의 개념을 정립하고, 급변하는 건설 환경에 발맞춰 엔지니어링 산업 활성화를 위한 실적적인 지침을 제공합니다.

세계적인 규모를 자랑하는 인천국제공항 건설 사업과 주한미군기지 평택 이전 사업 등 대규모 프로젝트의 성공 사례를 바탕으로 프로그램 관리PgM 측면에서 건설사업관리의 교훈과 시사점을 심도 있게 분석합니다. 또한, 글로벌 스탠다드Global Standard에 부합하는 선진 관리 기법을 소개하여, 미래 건설 산업을 선도할 국내 건설사업관리의 발전 방향을 제시합니다.
풍부한 현장 경험을 지닌 저자들은 탄탄한 이론적 토대 위에서 실무와의 균형점을 유지하며 건설사업관리 성공 전략을 제시합니다. 실질적인 사례와 전문가적 통찰력이 담긴 이 책은, 대규모 건설 사업을 책임지는 모든 실무자에게 필독서가 될 것이며, 건설 산업 발전에 크게 기여할 것입니다.
건설 분야에 종사하는 모든 관계자에게 이 책을 추천합니다.

한국CM협회장
배 영 휘

추천사

건설 프로젝트를 합리적으로 추진하기 위하여 시작된 건설사업관리는 건축 생산과정에서의 제반 단계를 수행하는 전문적인 기술을 절실히 요구하고 있습니다.

1970년대 이후 중동을 비롯한 해외 건설의 참여는 국내 · 외 건설기술과 건설 경제 발전에 크게 기여해 왔으나, 코로나19 팬데믹 이후 지속하고 있는 건설 경기는 좀처럼 회복되지 못하고 있고, 상승하는 건설공사의 원가는 건설경기를 더욱 침체 일로로 가게 하는 상황입니다.

또한 국내 건설경기는 가격 위주의 입·낙찰제도 및 규제 중심의 법과 제도 등 건설 산업이 지닌 구조적인 취약성에 기인하고 있어 이를 해결하기 위한 전략이 필요합니다. 특히 본 도서에서는 주한미군 기지 이전 사업의 성공적인 사례를 바탕으로 글로벌 스탠다드에서 제시하는 기법을 소개하고 건설 산업을 수요자 중심으로 전환하고 건설 산업 발전을 도모하고자 하는 기술과 전략이 기술되어 있어 앞으로 예견되는 코로나 이후 및 4차 산업 시대에 대비하는 훌륭한 지침서로 선도해 나가기를 기대합니다.

끝으로 「건설사업관리의 성공전략」 발간을 축하하며 집필하신 저자 여러분의 노고에 경의를 드리며 이 한 권의 도서가 건설사업관리 업계의 소중한 등불이 되기를 소망합니다.

(前)대한건축학회장, 건국대학교 명예교수
서 치 호

본서는 대규모 장기간 프로젝트의 성공을 위해서 반드시 요구되는 프로그램 관리(PgM), 프로젝트 관리(PM), 건설사업관리(CM)에 대한 국내 실무의 현황을 분석하고, 국내·외 적용 사례들을 정리하여 그 시사점을 제안하고 있습니다.

특히 디지털 시대 요구되는 사업관리 방법과 도구를 어떻게 도입 활용할 것인가를 3P & DX(People, Process, Product, Digital Transformation)로 구분하여 체계적으로 설명하고 있습니다.

무엇보다도 국내에서 수행된 대규모 장기간 복합프로젝트 사업들(인천공항, 고속철도, 주한미군 기지 이전)에서 경험한 소중한 노하우가 사장 되지 않도록 책으로 출간하여 국내의 건설사업관리 실무자의 길라잡이가 되기를 바라는 저자들의 노력이 책 속에 상세하게 담겨있습니다.

한국의 건설사업관리가 산업 실무에 제도화되어 활용된 지 4반세기가 지난 시점에 건설사업관리 분야의 이론과 실무를 겸비한 최고 전문가들이 디지털 시대의 새로운 관점에서 제시하는 「건설사업관리의 성공전략」은 건설사업을 성공적 수행하고자 하는 전문가에게 필독서로서 가치가 충분하다고 확신합니다.

중앙대학교 교수
박 찬 식

추천사

인천 검단에서 발생한 아파트 지하 주차장 붕괴 사고는 최첨단 건설기술을 실현하며 발전하고 있는 대한민국에서 아주 기본적인 기준과 절차를 지키지 않아서 발생한 문제입니다.

이러한 문제를 해결하기 위해서는 기준이나 절차를 충실히 이행하여야 할 뿐만 아니라, 프로젝트와 공사 참여하는 사람들, 프로세스별 작업 활동, 고객이 원하는 최종 결과물, 그리고 4차 산업혁명 시대에 필요한 디지털 전환 기술이 기반이 되어 유기적으로 통합된 관리가 필요하다고 봅니다.

「건설사업관리의 성공전략」은 이러한 생각을 같이하는 관리자와 기술자에게 정보혁명 시대에서 다시 전환 시대를 맞고 있는 건설 산업의 흐름에 통찰력을 제공해 줄 수 있다고 생각합니다. 많은 건설기술인에게 이 책을 적극 추천합니다.

서울대학교 교수
홍 성 걸

용산기지이전YRP 사업은 2004년부터 본격적으로 추진되어 20년이 지난 현재 성공적으로 마무리되었다는 평가를 받고 있습니다.

이 사업은 한미 양국에 소속된 다수의 발주자 간 이해관계를 효과적으로 조율해야 하고, 한미 양국의 각종 시설기준과 관련 법규를 준수해야 하는 초대형 국책사업이었습니다. 따라서 복잡한 이해관계자 간에 신속한 협의를 위해서 우수한 사업관리전문가의 참여가 필수적이었고, 국방시설 사업관리 경험이 풍부한 다수 전문가들이 PMO Project Management Organization, 사업관리조직 형태의 조직에 투입되어 당사자 간 효율적인 협의와 조율을 통해 최상의 성과물을 완성할 수 있었습니다.

본 사업이 추진되는 과정에서 얻은 방대한 양의 지식과 경험은 국내외적으로 건설사업관리 분야에서 소중한 자산으로 평가받기에 충분하다고 생각합니다. 현시점에서 용산기지 이전사업에서 주도적인 역할을 수행했던 저자들이 초대형 사업관리 경험을 바탕으로 한 「건설사업관리의 성공전략」이란 책으로 출간하게 되어 뜻깊게 생각합니다.

이 책은 건설공사 전반에 걸쳐 발주자가 원하는 결과물을 합리적으로 도출하고 프로젝트에 참여하는 사람들 간에 효과적인 의사소통에 필요한 핵심 요소들을 다루고 있습니다. 건설 산업의 리스크를 최소화하고 성공적으로 사업을 수행하고자 하는 건설사업관리 실무자 또는 전문가에게 일독을 권합니다.

아주대학교 건축학과 교수
차 희 성

추천사

건설사업관리는 건축물과 시설물의 품질과 안전을 최상의 상태로 만들어야 하며 국민이 안심하고 살 수 있는 안전 사회 구축입니다.

최근 건설현장의 고질 반복적인 안전사고가 발생하고 있다는 것은 건설사업관리의 단계별 철저한 검증 부족과 선진 건설문화 정착의 미흡으로 이에 대한 대책이 필요하다고 봅니다.

반복된 사고를 예방하기 위해서는 건설에 종사하는 사람들을 포함하여 모든 사람이 안심하고 건강한 삶을 영위할 수 있는 사회적 분위기가 조성되어야 합니다. 안전사고의 근본적인 원인을 제거하기 위해 지금까지는 법과 제도의 보완을 통해 지침과 가이드라인을 마련해 왔지만, 우리가 놓친 것이 있었습니다. 바로 '사람들'입니다.

「건설사업관리의 성공전략」은 건설산업에서 프로세스뿐만 아니라, 건설사업에 참여하는 사람들, 결과물, 그리고 디지털 전환에 이르기까지 통합적으로 관리하는 노하우를 담고 있습니다. 그 어느 때보다도 건설산업의 성공적인 수행이 중요한 시기에 건설사업관리를 제대로 인식하는 기회가 되기를 바랍니다.

한국기술사회 회장
장 덕 배

오늘날 건설 산업은 규모의 대형화 및 다양한 용도들의 공존과 디자인의 다양성에 따라 기존의 일률적인 건설사업관리에서 벗어나, 더욱 복잡해진 이해관계자 간의(발주자, 시공자, 설계자 또는 감리자, 협력 업체, 금융관계자 등) 조율과 협의가 대단히 중요하며, 사업관리 과정의 제반 사항에 대하여 빠른 소통과 의사 결정이 무엇보다 중요한 사항입니다.

본서는 단순한 이론서가 아니라 저자들의 풍부한 실무경험의 깊이 있는 연구를 통해서, 복잡한 매 단계 필요한 전략적 사고와 꼭 하여야 할 사항들을 명확하게 제시하고 있습니다.

또한 건설 엔지니어들은 본서를 통해 기존의 Paradigm에서 벗어나 실제 현장에서 바로 적용할 조언과 방법론을 이해하며 DX를 통해 경쟁력을 강화하고 구체적인 사항들을 통하여 공사 기간의 단축과 건설 생산성 증대를 위해 기여할 것입니다.

책을 저술한 저자들은 건설의 미래를 위하여 소명 의식과 소중한 경험을 통해 통찰과 방향성을 제시하므로 「건설사업관리의 성공전략」을 적극 추천합니다.

한국건설기술인협회 제10대 건설기술인회장/ 공학박사
이 희 석

"본서는 「건설사업관리 성공전략」으로
사람들People, 프로세스Process, 결과물Product의
첫 글자를 딴 3P와 디지털 전환Digital Transformation, DX을
제시하였다.
이 중에서도 가장 핵심적인 요소는 '사람들'이다"

프롤로그

정부, 고부가가치 건설사업관리 시장 활성화 나선다.

건설사업관리는 「건설기술진흥법」, 「건설산업기본법」, '건설공사 사업관리방식 검토기준 및 업무수행지침' 등에서 세부 수행 업무내용을 규정하고 있으며, 국토교통부에서는 「건설기술진흥법」을 개정하여 PM 활성화를 위한 가이드 라인을 마련하고 있다.

건설사업관리는 발주자를 지원하여 건설사업을 효과적으로 추진하기 위해 사업을 총괄 관리하는 것을 의미하며 국내에서는 아직 생소한 개념이지만 미국과 영국 등 일부 선진국은 세계 PM시장의 상위권을 독점하면서 많은 이익을 얻고 있는 고부가가치 시장이다.

국내 건설엔지니어링 기업의 PM 수준을 선진국 수준으로 높이기 위해서는 PM에 대한 많은 경험과 노하우를 습득한 전문가나 전문기관을 통해 건설사업관리를 위한 표준 지침서와 성공전략을 확립하는 것이 필요하다. 그러나 아직까지는 국내 건설산업 분야에서는 이러한 기반이 마련되지 못하고 있다.

건설사업관리에 대한 업무를 수행하는데 도움이 될 만한 도서는 시중에 많이 나와 있지만, 대부분 정부에서 정한 법률 및 업무수행 지침에 명시된 내용을 어떻게 수행할 것인가 How to do 에 중점을 두고 있다.

우리는 다수의 프로젝트 현장 경험에서 얻은 지식으로 '열심히' 하는 것도 필요하지만, 더 중요한 것은 처음부터 제대로 하는 것, 즉 '잘' 하는 것이다. 프로젝트의 성과를 만들고 성공적으로 프로젝트를 수행하기 위해 무엇을 할 것인지What to do에 대한 도서가 필요하다고 생각했다. 이러한 관점에서 「건설사업관리의 성공 전략」 책을 집필하게 되었다.

본서는 건설 엔지니어링의 환경, 문제점과 개선방안에 대해 분석을 통해 건설업계의 변화와 동향을 이해하고, 다양한 이해관계자들과의 상호작용을 고려하는 중요성을 강조하였으며, 건설사업관리자의 역량과 가치실현에 대해 검토하였다. 건설사업 추진 과정에서의 수직적 관리, 낮은 대가, 적정 공기 부족, 과도한 행정 업무, 근로 여건 열악 등 비효율성과 그에 대한 개선 방안을 도출하며, 국내 관련법, 미국의 PMI와 CMAA, 영국의 MSP에서 규정하는 건설사업관리의 지침, 기준 및 절차 등을 통하여 건설사업관리, 프로젝트 관리, 프로그램 관리의 차별성을 분석하였으며, 인천국제공항 건설사업관리와 주한미군기지 평택이전사업의 건설사업관리 사례조사를 통하여 교훈 및 시사점을 분석하였다.

본서는 상기의 내용을 기반으로 상위수준의 방향성을 제시하는 「건설사업관리의 성공 전략」으로 사람들People, 프로세스Process, 결과물Product의 첫 글자를 딴 3P와 디지털 전환Digital Transformation, DX을 제시하였다. 이 중에서도 가장 핵심적인 요소는 '사람들'이다. 건설사업은 사람이 수행하기 때문에 관련된 자질과 역량이 매우 중요하다. 프로세스 관점에서는 비용과 일정을 각각 독립적으로 관리하는

프롤로그

것이 아니라, 건설사업의 비용과 일정을 예측하고 최적화된 관리를 위해 비용일정통합관리를 제안하였으며 지시형 관리에서 벗어나 자원을 최적화하고 시간과 비용을 절감하여 가치Value를 실현할 수 있는 '지시·주도 혼합형 관리Push & Pull Hybrid Management'를 통한 사업관리의 최적화Optimization 방안을 제시하였다.

또한 본서는 4차 산업혁명 시대에 사람, 프로세스, 결과물의 모든 영역을 통합하고 융합하는 사업관리 수행을 위한 지원도구Support Tool로써 디지털 전환DX을 통한 정보통신기술 적용 전략을 제시하였다.

세계 최고의 메가 프로젝트 전문가인 벤트 플루비야Bent Flyvbjerg와 댄 가드너Dan Gardner가 공동 저술한 「How Big Things Get Done」에 따르면 136개국 20개 분야에서 수집된 약 1만 6,000개의 프로젝트를 조사한 결과, 비용과 일정 계획을 예정대로 달성한 경우는 8.5%뿐이고, 여기에 기대 편익까지 충족한 프로젝트는 전체의 0.5%에 불과하므로 계획대로 실행되는 비용, 일정, 편익을 모두 충족한 프로젝트는 거의 없다는 것이다. 본서는 비용, 일정, 편익을 충족하기 위해 사람들, 프로세스, 결과물이라는 상위 개념의 건설사업관리 전략을 제시하고 있다.

따라서 본서에서 제시하는 「건설사업관리의 성공 전략」이 대규모 신공항, 지상철도 지하화, 대규모 재개발 및 재건축, 미군부대 통합 이전, 대규모 군사시설 이전 등 거대 자본이 투입되고 장기간 수행되는 복잡한 프로젝트 사업 추진의 길잡이가 되기를 희망한다.

2024년 10월

이교선, 황충규, 이우연

01

제1부는 건설엔지니어링의 환경, 건설엔지니어링의 문제점과 개선방안을 제시한다.

「건설기술진흥법」 제2조 제3항에서는 건설엔지니어링을 다른 사람의 위탁을 받아 건설기술에 관한 업무를 수행하는 것으로 규정하고 있다.
이러한 건설엔지니어링의 활동으로는 건설사업관리, 시공감리, 조사 및 설계, 건설사업의 기획 및 자문활동 등을 포함하고 있다.

해외시장에서 국내 기업의 시공 부문 시장점유율은 6%를 넘어서지만, 부가가치가 높은 엔지니어링은 점유율이 1%에 못미치고 있다. 우리나라가 선진국으로 진입했으나 아직도 개발도상국형 시공 중심의 산업구조에서 벗어나지 못하고 있다.
국내 건설산업이 세계 건설시장을 선도하기 위해서는 개발도상국형의 시공 중심 구조에서 선진국형의 엔지니어링 중심 으로 발전해야 한다.

제 1 장
건설엔지니어링의 환경

제 2 장
건설엔지니어링의 문제점 및 개선방안

part 1

제 1 부 건설엔지니어링의 현주소

chapter 01

건설엔지니어링 환경

제 1 장

건설엔지니어링 환경

1.1 건설산업

건설산업은 수주산업이다. 공공 및 민간 발주자의 주문에 따라 적격한 업체가 엔지니어링 및 시공을 도급받아 시설물의 설계, 시공, 감리, 유지보수 등을 하는 산업이 건설산업이다. 건설산업의 각종 활동은 「건설산업기본법」으로 규정하고 있다.

「건설산업기본법」 제2조에 따르면 건설산업은 건설업과 건설용역업으로 구분하고 있으며, 건설업은 "건설공사를 수행하는 업"으로, 건설용역업은 "건설공사에 관한 조사, 설계, 감리, 사업관리, 유지관리 등 건설공사와 관련된 용역을 수행하는 업"으로 정의하고 있다. 건설산업의 범위는 [표 1-1] 과 같이 구분할 수 있다.

건설산업	건설업	종합공사업 및 전문공사업	「건설산업기본법」
		주택건설사업 및 대지조성사업	「주택법」
		전기공사업, 정보통신공사업, 소방시설공사업, 문화재수리업 등	「전기공사업법」, 「소방시설공사업법」, 「문화재수리 등에 관한 법」 등
	건설 용역업	건설엔지니어링업 (종합, 설계·사업관리, 품질검사)	「엔지니어링산업진흥법」, 「건설기술진흥법」, 「전력기술관리법」, 「소방시설공사업법」 등
		건축설계업	「건축사법」
		건설사업관리업	「건설기술진흥법」

[표 1-1] 건설산업의 범위

여기서 건설공사란 토목공사, 건축공사, 산업설비공사, 조경공사, 환경시설공사, 그 밖에 명칭과 관계없이 시설물을 설치 · 유지 · 보수하는 공사 또는 기계설비나 그 밖의 구조물의 설치 및 해체공사 등을 말한다. 한편으로 「전기공사업법」에 따른 전기공사, 「정보통신공사업법」에 따른 정보통신공사, 「소방시설공사업법」에 따른 소방설비공사, 「문화재수리 등에 관한 법」에 따른 문화재 수리공사는 개별법령에 따르도록 하고 있지만 실제 이 공사들은 시설물의 시공에서 중요한 부분을 차지한다.

건설용역업은 통상 건축사사무소에서 하는 건축설계, 엔지니어링업체가 수행하는 토목설계, 건설사업관리 및 감리회사에서 수행하는 건설사업관리 또는 감리, 유지관리 진단업체가 수행하는 유지관리 등이 건설용역업에 해당한다.

용역업에 대해서는 「건설기술진흥법」, 「엔지니어링산업진흥법」, 「시설물의 안전 및 유지관리에 관한 특별법」 등에서도 별도의 구체적인 업무영역을 규정하고 있다.

이러한 건설산업의 특징은 다음과 같다.

1) 생산의 주문성과 비정형성

건설업자는 도급계약의 형태로 발주자로부터 공사를 의뢰받아 수주받은 공사를 완성하여 시공 목적물을 해당 발주자에게 인도하는 형태로 계약이 이행되기 때문에 주문생산 방식의 특징을 갖고 있다. 또한 설계 도면에 따라 생산목적물의 규모 및 형태가 다양하고 규격화, 표준화가 곤란하므로 비정형성의 특징을 가지고 있다.

2) 옥외 이동 생산

타 산업에 비해 계절이나 지형 조건에 민감하고 외기에 노출, 온 • 습도에 의한 공사 제한이 발생할 수 있고 악천후 시 작업이 제한된다.

3) 노동집약적 생산

생산 제품의 규격화가 어렵고 수직·수평적 작업 동선이 복잡하며, 선형작업이 곤란하며 타 산업에 비해 상대적으로 노동생산성이 낮게 나타나고 인적 재해 발생률이 높다.

4) 장기간 생산

생산기간은 장기간 소요되고 고도의 리스크 관리능력이 요구된다. 건설산업은 제조업 등과 달리 설계, 구매/조달, 현장 시공 등 일련의 절차를 요구하고 있으며 최근 대규모 사업들이 증가되고 이해관계자가 복잡하기 때문에 이해관계 조정 등으로 인해 장기간 생산이 특징이다.

5) 생산활동의 이동성

건설 목적물은 토지의 정착물이기 때문에 일정한 장소에서 제품을 생산한 후 이송할 수 없으므로 생산활동이 각 현장에서 이루어져 시공할 때마다 인력 및 자재 등 현장 조달이 필요하여서 생산조직의 유동성과 불안전성이 높다.

1.2 건설산업의 환경

건설산업은 주문생산Make to Order으로 시장이 형성되는 수주산업이다. 즉 수요자(발주자)의 요구가 있어야 건설생산 활동이 시작된다. 그리고 도급계약의 형태로 건설 생산물Product을 주문한다. 이처럼 주문 생산적 특성으로 말미암아 사전적Before hand으로 품질을 확인하기 어렵고 가격도 설계도서를 근거로 산정된 생산 원가를 중심으로 이루어지기 때문에 수요자나 공급자 모두에게 수익에 대한 불확실성Uncertainty이 존재한다. 즉 명확한 원가 개념이 확립되어 있지 않기 때문에 건설공급자의 선정이 시장기구에 의하여 이루어지기보다는 수요자와 공급자 간의 직접 거래방식인 입찰 Tendering 또는 협상Negotiation에 따라 이루어진다. 입찰 방식에 의한 공급자의 선정은 최저가격 제안자를 선정하는 것을 원칙으로 하되 협상에 의한 공급자의 선정은 적격가격 제안자를 선정하는 것을 원칙으로 한다.

대부분 건설공급자의 선정은 불확실성이 높은 상황에서 의사결정Decision Making을 해서 건설수요자의 경우 불확실성에 대응하기 위한 다양한 방안을 마련하게 되며 이러한 불확실성을 완화하기 위한 다양한 건설 생산방식이 이루어진다.

건설산업은 생산 체계와 공급자 선정 방식이 결합하여 건설 생산방식이 결정된다는 특징이 있다. 특히 건설산업은 철저한 분업적 생산체계이기 때문에 외주비율이 높다. 이러한 외주부분은 수요자와 무관하게 공급자에 의해 결정되는 경우가 많다. 외주를 통한 하도급은 건설업체의 규모가 지나치게 비대하게 되는 것을 방지하거나 경기변동으로 인한 수주의 불안정성에 대응하는 방안이 되기도 한다.

이러한 건설 산업의 환경환경에 영향을 주는 요인들은 다음과 같다.

1) 기술 인력 부족
2) 기능인력 부족 및 고령화
3) 불안정한 하도급 체계
4) 인력/ 자재 공급망 불안정
   - 미국과 중국의 갈등
   - 자유경쟁 체제를 부정하는 관급자재 의무 사용
   - 지역업체 살리기 등
5) 환경 파괴로 인한 문제 (자연재해, 지진, 전쟁 등)

1.3 건설엔지니어링

엔지니어링Engineering이란 용어는 받아들이는 사람에 따라 다소 차이가 있다. 「엔지니어링산업 진흥법」에서는 과학기술의 지식을 응용하여 수행하는 사업이나 시설물에 관한 연구, 기획, 타당성 조사, 설계, 분석, 계약, 구매, 조달, 시험, 감리, 시험운전, 평가, 안전성 검토, 관리, 매뉴얼 작성, 자문, 지도, 유지 또는 보수와 그 활동에 대한 사업관리를 말한다.

엔지니어링에 대한 인식을 정리해 보면 '주어진 자원과 과학기술의 전문지식을 활용해 경제적 유·무형의 재화를 창출하는 행위'라고 할 수 있으며, 이와 관련된 종합적인 산업을 '엔지니어링 산업'이라 할 수 있다. 엔지니어링 산업은 크게 토목, 건설엔지니어링 분야와 플랜트 엔지니어링 분야로 구분할 수 있다.

토목엔지니어링 분야는 도시의 기반 시설을 만드는 도로, 항만, 철도, 교통, 공항 분야가 있으며, 댐, 간척사업, 용수시설, 농지조성 등의 농어업 토목, 그리고 조경, 구조, 수자원 개발 및 상하수도를 다루는 대규모 시공적 요소가 가미된 분야를 말한다.

건설엔지니어링 분야는 협의로는 설계기술, 제작, 시공기술 등 기술 노하우이며, 광의로는 타당성조사, 구매조달, 시운전 등 사업관리에 이르는 기술용역업무 등를 의미한다.

플랜트 엔지니어링 분야는 생산활동을 하는 기업의 설비 또는 시설을 유지하는 기능을 최고 상태로 발휘해 기업의 수익을 높이는 활동을 한다. 계획, 설계, 설치, 활용, 유지, 보전 등 각 단계에서 기술적인 조사연구를 시행해 기업 목적에 일치한 원가절감과 이윤 증대, 안전한 시설 운영을 목표로 하는 종합적 접근방식을 의미한다.

이 중 건설엔지니어링은 종합, 설계·사업관리, 품질검사 등 3개 전문 분야로 구분되며, 종합분야와 설계·사업관리 분야의 세부 분야와 업무 범위는 [표 1-2] 와 같다.

<table>
<tr><th>전문 분야</th><th colspan="2">세부 분야</th><th>업무 범위</th></tr>
<tr><td>종합</td><td colspan="2">종합</td><td>1. 설계 등 용역업무
2. 건설사업관리 업무
3. 품질검사 업무</td></tr>
<tr><td rowspan="5">설계·사업관리</td><td colspan="2">일반</td><td>1. 설계 등 용역업무
2. 건설사업관리 업무</td></tr>
<tr><td rowspan="3">설계 등 용역</td><td>설계 등 용역 일반</td><td>설계 등 용역업무</td></tr>
<tr><td>측량</td><td>설계 등 용역업무 중 측량업에 관한 업무</td></tr>
<tr><td>수로 조사</td><td>설계 등 용역업무 중 해양관측업 및
수로 측량업에 관한 업무</td></tr>
<tr><td colspan="2">건설사업관리</td><td>건설사업관리 업무</td></tr>
</table>

[표 1-2] 건설엔지니어링업 분야와 업무범위(「건설기술진흥법」 시행령 별표 5)

한국건설엔지니어링협회에 따르면 2023년 12월 기준으로 총 3,788개 건설엔지니어링 사업자와 76,576인의 건설기술인이 등록되었다.

건설엔지니어링관리시스템CEMS에 등록된 등급별 건설기술인은 [표 1-3] 과 같다.

구분	합계	특급	고급	중급	초급	기타
등록 인원수	76,576	38,639	12,899	9,325	14,953	760

[표 1-3] CEMS 등록 등급별 건설기술인 수

1.4 건설엔지니어링의 시장 규모

국내 건설엔지니어링 산업 규모는 6조 원 규모이며, 건설엔지니어링 사업자 수는 3,788개로서, 6조 원을 3,788개 회사가 입찰 경쟁하고 이 중 상위 20개 사(社)가 대부분 물량을 수주하고 있다.[1)]

2022년도 ENR Engineering News-Record 자료에 의하면 해외 건설엔지니어링의 CM/PM 시장 규모(미국은 제외)는 약 61.5억 달러(약 8조원) 수준이다. 국내 기업의 CM/PM 시장 점유율은 1.12%로 약 7.3억 달러(9천억원) 수준이며, 해외시장에 진출기업 수는 약 10개 사가 대부분 물량을 수주하고 있는 실정이다.[2)]

1.5 건설엔지니어링 인력 현황

건설엔지니어링 인력구조는 고령화, 신규 기술인 진입 미미 등 인력상 문제를 가지고 있다. 20대 건설 인력이 20년 전보다 74.9% 줄었고, 인구 고령화보다 건설기술인 고령화가 더 심각하며 건설현장에서 젊은 층 이탈 현상이 가속화되고 있다.[3)]

젊은 층 이탈로 건설 인력 평균 연령은 2000년 36세에서 2020년 50세로 뛰었고, 2030년에는 53세에 이를 것으로 예상된다. 이러한 건설엔지니어링 인력구조로 발생할 수 있는 문제점은 아래와 같이 세 가지로 요약할 수 있다.

1) 고령화 심각

건설산업은 기본적으로 경험산업으로서 기업은 풍부한 경험을 가진 인력을 선호한다. 또한 젊은 청년들 사이에는 힘들고 안전하지 않다는 인식이 팽배하기 때문에 건설엔지니어링 분야에서 고령화 문제가 심각하게 두드러지고 있다.

2) 전문성 부족

건설 엔지니어들의 전문성 부족 문제를 겪고 있다. 새로운 기술과 동향에 대한 최신 정보를 따라가지 못하거나, 충분한 교육과 인증 절차를 거치지 못한 경우가 대표적인 예다.

1) 한국건설엔지니어링협회, 건설엔지니어링 사업자 및 건설엔지니어링 사업 수주실적 현황(2023. 12. 31.)
2) 유정호, 2024, E&E포럼 제3차 세미나 자료집
3) 김한수, 2023, E&E 포험 제2차 세미나 자료집, 젊은 엔지니어 유입과 성장기반 구축

3) 청년 유입 미미

건설엔지니어링에 대한 청년들의 관심과 유입이 상대적으로 미미한 것이 문제로 지적된다. 이는 진출 기회의 부재, 부정적 인식, 경력 개발의 어려움 등의 요인으로 인해 발생할 수 있다.

1.6 계약제도의 현황

건설사업관리에서 계약제도는 프로젝트 수행에 있어 효율적인 계약서 작성과 계약서상 명시된 수많은 약속의 관리를 통하여 건설사업이 원활하게 진행되도록 하는 것이다.

계약제도에는 기획 단계에서 입찰안내서 작성, 입찰, 업체 선정, 시공, 시운전, 운영 및 관리까지 모든 과정이 이루어지게 된다.

1) 입찰안내서 작성

"입찰안내서"란 수요기관에서 입찰의 기본 계획과 지침을 제시하는 것으로 기술 제안서 작성 방법, 평가, 배점 기준 및 낙찰자 결정방법 등을 명시하여 입찰에 참여하고자 하는 자에게 열람 또는 교부하는 문서를 말한다.

입찰 제안에서 포함되는 내용은 다음과 같다.

(1) 일반 유의 사항

(2) 설계 및 시공 안내서

(3) 설계 및 공사입찰 유의서

(4) 청렴계약 입찰 유의서

(5) 계약 일반조건

(6) 계약 특수조건

(7) 기술지침서

- 기술 : 설계지침, 시공지침, 설계도 관리지침
- 관리 : 관리지침, 관리도서 작성 지침

(8) 기술 제안서 작성 지침

(9) 평가에 관한 사항 등

2) 입찰절차

입찰공고가 게시된 후 입찰에 참여하고자 하는 경우 입찰서를 작성하고 제출한다. 이후 입찰서 심사 및 평가를 거쳐 계약이 체결된다.

입찰이 진행되는 절차는 [자료 1-1] 과 같이 Flowchart로 나타낼 수 있다.

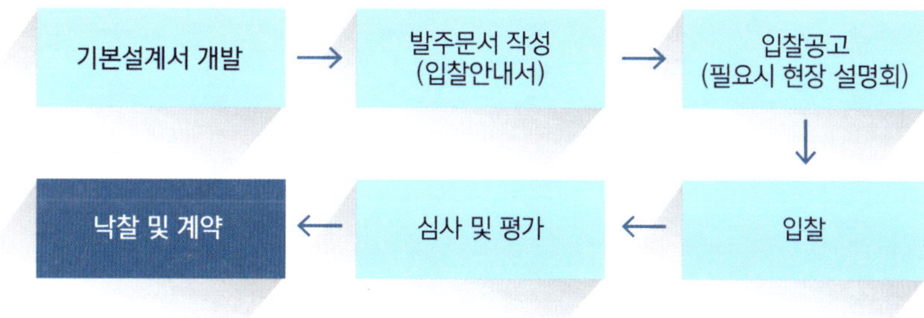

[자료 1-1] 입찰절차

3) 낙찰자 선정 방법

「국가를 당사자로 하는 계약에 관한 법률」에 따른 낙찰자 선정 방법은 다음과 같이 분류할 수 있다.

(1) 제한적 최저가 낙찰제

(2) 최저가 낙찰제

(3) 종합심사제

(4) 적격심사제

(5) 제안 입찰(기본설계 기술제안 / 실시설계 기술제안)

(6) 최적가치낙찰제 등

4) 계약 방식

「국가를 당사자로 하는 계약에 관한 법률」에 따른 계약 방식은 다음과 같다.

(1) 설계/시공 부분 계약(입찰/계약 방식)

- 설계시공 일괄 방식Design Build, 속칭 Turn Key
- 설계시공 분리 방식Design Bid Build
- 기술제안방식Technical Proposal Method
- 건설사업관리 방식Construction Management

- 민관 협력 파트너십Public Private Partnership, PPP
- 정액 방식Lump Sum Contract
- 단가계약 방식Unit Price Contract
- 실비 정산 보수가산 방식Cost Plus Fee Contract

(2) 사업관리 부분 계약

- 용역형 사업관리CM/PM/PgM for Fee
- 시공책임형 사업관리CM/PM/PgM at Risk

국내에서 적용하고 있는 계약 방식 이외에도 미 연방정부는 다양한 계약 방식을 적용하고 있다.

- 불특정 공급및 불특정 물량계약Indefinite Delivery & Indefinite Quantity, IDIQ
- 다수 지명경쟁입찰Multiple Award Task Order Contract, MATOC
- 단일 지명경쟁입찰Single Award Task Order Contract, SATOC
- 업무수행계약Job Order Contract, JOC
- 설계시공유지계약Design Build Maintenance Contract
- 통합프로젝트발주방식Integrated Project Delivery, IPD 등

5) 문제점

(1) 입·낙찰 제도의 문제점

입·낙찰제도는 주로 가격을 우선시하기 때문에 품질에 관한 관심이 상대적으로 낮을 수 있다. 경제성을 우선하여 고려하다 보면 저품질의 결과물과 서비스가 선택될 수 있으며, 주로 기존의 입찰자들에게 기회를 주기 때문에 새로운 기업이나 혁신적인 기술을 가진 기업의 진입을 어렵게 만들 수 있다. 또한 제한된 평가시간 등으로 인하여 평가의 변별력이 떨어지기도 한다. 따라서 평가의 공정성, 투명성, 신뢰성에 대한 검토가 필요하다.

(2) 계약 방식의 문제점

프로젝트가 가지는 특성이 있음에도 불구하고 「국가를 당사자로 하는 계약에

관한 법률」에 따라 일률적인 계약 방식만을 한정하고 있다. 프로젝트의 특성과 종류, 사업추진의 효율성 등을 고려할 때, 더욱 적절한 계약 방법을 적용할 수 있는 유연성을 고려하여 관련법을 개정할 필요가 있다.

1.7 하도급 현황

하도급 제도는 원도급사와 하도급사 간의 계약을 통해 하도급사가 일부 공사를 맡아 수행하는 형태이다. 그러나 하도급사는 원도급사로부터 충분한 대우를 받지 못하고, 원가 위주의 경쟁과 불필요한 비용 부담 등으로 어려움을 겪고 있다. 이러한 문제는 하도급사의 기술력 저하와 노동자의 권익 침해 등을 초래할 수 있다.

이러한 문제들을 해결하기 위해서는 하도급 제도와 계약제도를 개선하고, 임시 조치보다는 근본적인 대책을 마련하여 건설엔지니어링 시스템과 문화를 개선해야 한다. 이를 위해서는 정부와 건설업계가 협력하여 적극적인 대책을 마련해야 한다.

1.8 관(官) 주도형 건설사업관리 구조

우리나라 법 제도상 특징 중 하나는 정부 부처 관 주도형 건설사업관리제도라고 할 수 있다. 건설사업관리 관련된 법령의 입안, 예산편성, 지침 마련, 감독 기능까지 모두가 정부가 주도하여 국가의 건설사업을 효율적으로 계획, 관리 및 집행하는 제도이다.

이는 건설산업이 선진화된 미국, 영국 방식과 많은 차이를 보인다.

1) 특징

관 주도형 건설사업관리는 단계별로 정부가 개입한다는 특징이 있다.

각 단계는 다음과 같다.

(1) 계획 및 관리: 정부가 건설사업의 계획과 관리에 주도적인 역할을 수행한다. 이를 통해 효율적인 자원 배분과 일정 관리를 실현하고, 건설사업의 품질과 안전성을 보장한다.

(2) 입찰 및 계약: 정부는 건설사업에 대한 입찰 및 계약 절차를 체계적으로 관리한다. 이를 통해 건설업체의 선정과 계약 과정의 투명성을 확보하며, 공정한 경쟁을 유지한다.

(3) 감독 및 평가: 정부는 건설사업의 진행 상황을 감독하고, 품질과 성과를 평가한다. 이를 통해 건설업체의 업무 수행을 모니터링하며, 필요한 개선 사항을 식별하여 조치할 수 있다.

(4) 재원 조달: 정부는 건설사업에 필요한 재정 지원을 계획하고 조달한다. 이를 통해 건설사업의 자금조달과 예산 통제가 원활하게 이루어질 수 있다.

관 주도형 건설사업관리제도는 정부 또는 공공기관, 지방자치단체 등이 주도하여 건설사업을 추진하는 체계를 의미한다. 이를 통해 국가의 기반 시설 개발과 경제 성장을 지원하며, 건설사업의 품질과 안전성을 보장한다.

2) 문제점

위와 같은 특징을 갖고 있음에도 불구하고 관 주도형 건설사업관리제도는 다음과 같은 문제점을 유발하고 있다.

(1) 정부의 과도한 개입

관 주도형 건설사업관리제도는 국가 및 지방 계약법, 건설 관련 법령 등을 정부가 마련하고 정부는 법에 따라 발주를 수행하고 있다. 이에 따라 법적 근거가 부족할 때 의사결정과 절차가 지연되고 효율성이 떨어질 수 있다. 주무부처인 국토교통부에서 사업계획을 수립하더라도 기획재정부의 예산의 승인 및 협조하에 사업이 수행되므로 절차가 복잡하고 번거로워 프로젝트 진행에 제약을 줄 수 있다.

(2) 예산 한계성

관 주도형 건설사업관리제도는 정부의 예산 한계성에 따라 프로젝트의 규모와 진행 속도에 영향을 받을 수 있다. 예산은 기획재정부 예비타당성 조사 결과 및 총사업비 산정 지침에 따라 사업 변경 및 예산 부족으로 인해 프로젝트가 지연되거나 정부의 예산확보가 안 되는 경우 사업이 중단될 수 있다.

(3) 경쟁 부족

관 주도형 건설사업관리제도는 경쟁을 제한할 수 있다. 전체 사업에 대한 실적을 정부 또는 공공기관이 가진 경우 정부가 직접 프로젝트를 수행하거나 특정 업체와의 독점 계약을 맺을 경우, 경쟁이 제한되고 형평성이 저해될 수 있다.

(4) 투명성과 책임성 부족

관 주도형 건설사업관리제도에서는 투명성과 책임성이 부족할 수 있다. 프로젝트의 의사결정과 자금 사용에 대한 공개성과 투명성이 부족하면, 부정부패와 불법 활동 등의 위험을 증가시킬 수 있다.

(5) 협력과 협의 부족

관 주도형 건설사업관리제도는 민간 부문과의 협력과 협의가 부족할 수 있다. 이에 따라 산업과 학계의 전문성과 창의성을 충분히 활용하지 못하고, 현장의 의견이 반영되지 않을 수 있다.

이러한 문제점들은 관 주도형 건설사업관리제도의 개선과 혁신을 위해 고려되어야 한다.

chapter 02

건설 엔지니어링의 문제점 및 개선방안

제 2 장
건설엔지니어링의 문제점 및 개선방안

2.1 건설엔지니어링의 문제점

건설엔지니어링의 주요 문제점은 다음과 같다.

1) 수직적·지시형 관리

건설엔지니어링에서 수직적 관리란 조직 내에서 영향력과 의사결정이 상위에서 하위로 흐르는 경향을 의미한다. 이는 명령과 지시가 중요시되며, 상위 관리자나 상위 관리자로부터 위임을 받은 사업관리자들이 중요한 의사결정을 내리고 지시를 내리는 것이 일반적이다. 하위 계약자들은 주로 지시받아 수행하는 역할을 한다.

또한 프로젝트 수행간 발주자인 갑과 계약상대자인 을 간의 영향력과 지위가 강조되고 상하관계가 명확하다.

수직적 관리는 상위에서 하위로 정보와 지시를 일방적으로 전달하는 관리로 지시형 관리Push Management 시스템이라고도 볼 수 있다. 이는 상위 관리자가 하위 계약자들에게 일을 할당하고 지시를 내리는 방식으로 진행된다. 이러한 방식은 일부 조직에서는 이른 시일 안에 의사결정이 될 수도 있지만, 복잡하고 다양한 환경에서 상위 관리자의 정보 부족, 창의성 부족, 상호 의존성 부족으로 인해 부작용이 발생할 수 있다.

2) 인력구조 불균형

건설엔지니어링 분야에 참여하고 있는 설계 및 감리 인력의 평균 연령은 50세 이상으로 나타났으며, 지속해서 고령화가 심각해지고 있다. 그로 인해 건설기술과 접근방식에 대한 과거의 행태에서 벗어나지 못하고 있다.

건설사업의 복잡성과 다양성으로 인해 고도의 전문성이 필요한데도 사업관리에 대한 충분한 실무경험과 교육을 받지 못한 사업관리자가 발생할 수 있다. 이러한 이유로 청년 유입 미비 등 문제점을 갖고 있다.

또한 일부 건설 엔지니어링사의 건설사업관리 또는 감리 업무 수행에는 전문성 부족의 문제가 있다. 공공기관, 건설사 등에서 퇴직 후, 제2의 직업으로 건설사업관리 또는 감리 업무를 수행하는 사례가 많다.

3) 낮은 대가

건설사업은 수주산업이다. 사업에 참여하여 수주를 위해서는 경쟁 입찰 과정에서 참여하는 여러 업체가 제시한 가격 중 가장 낮은 가격을 제시한 업체가 용역을 수행할 수 있다. 그러나 낮은 대가로 인해, 건설 엔지니어링사는 수익이 줄어들고, 회사의 이익을 위해서 대가가 낮은 인력을 채용할 수밖에 없는 구조로 이어진다. 낮은 대가는 결과적으로 건설 생산물의 품질 저하와 일정 지연에 영향을 줄 수 있다.

4) 적정 공기 부족

건설엔지니어링사가 과도한 경쟁으로 저가 수주를 하는 경우, 회사의 편익 창출을 위하여 제한적 인력 동원을 초래하거나 저비용 관리 체계가 운영됨으로 프로젝트 수행에 필요한 적정한 공기, 리스크 발생(환경변화, 설계변경) 등으로 인한 공기의 변동성을 적기에 조치하지 못함으로서 공기부족의 문제가 발생할 수 있다.

5) 적정 공사비 부족

건설프로젝트의 예산은 실제로 프로젝트를 수행하는 데 필요한 적정한 예산을 충족하지 못하는 경우가 많다. 이는 발주자가 프로젝트 예산을 부적절하게 설정하거나, 설계나 계약 단계에서 현장 조건에 대한 조사 부족으로 인해 발생할 수 있다.

공사비 부족은 재정적인 문제를 초래하거나 프로젝트의 품질과 일정에 영향을 주는 등 부작용을 일으킬 수 있다.

6) 과도한 행정업무 위주

건설사업관리 수행 지침과 업무 절차에 따라 과도한 행정업무 위주 사업관리로 인해 많은 시간과 노력이 문서 작성 및 보고서 작성에 투입된다. 이에 따라 프로젝트 관리와 실질적인 작업에 들어야 할 시간과 노력이 부족해질 수 있다. 또한 사업 관리자들은 많은 회의와 협의에 참여하게 된다. 이는 의사결정을 하기 위한 시간을 많이 소요하고, 프로젝트 진행과 관련된 중요한 의사결정을 지연시키는 결과를 가져올 수 있다.

7) 낮은 처우

건설 엔지니어링 산업은 대부분 프로젝트가 일시적이며, 인력 수요가 변동적이다. 이에 따라 많은 노동자가 일시적인 고용 상태에 처하게 되고, 이에 대한 경쟁으로 인해 임금이 낮아질 수 있다. 또한 건설 엔지니어링 분야는 기술적 전문성과 높은 기술 수준을 요구하므로, 단기적으로 건설 산업에 참여하는 노동자들은 기술 수준과 임금 수준이 상대적으로 낮아질 수 있다. 또한 불안정한 환경에서 작업이 이루어지고 이는 노동자들에게 높은 위험 부담과 스트레스를 초래하며, 이에 따라 노동자들의 처우가 낮아질 수 있다.

8) 고비용 저효율

효과적인 프로젝트 계획과 관리의 부재는 고비용과 저효율을 초래할 수 있다. 부적절한 예산 산정, 잘못된 작업 일정, 자원의 비효율적인 할당 등은 비용 증가와 프로젝트 진행의 불일치를 초래할 수 있으며, 건설 엔지니어링 분야에서의 기술과 혁신의 부재는 비용 효율성을 저하시킬 수 있다. 새로운 기술이나 효율적인 시스템의 도입이 없으면 작업 방법이 비효율적인 상태로 유지될 수 있다.

9) 근로 여건 열악

최근 건설프로젝트가 대형화, 초고층화되면서 건설 현장은 고소작업, 중장비, 위험한 재료 등과 같은 위험 요소가 많이 존재한다. 불충분한 안전 조치나 교육 부재로 인해 노동자들이 안전에 노출될 수 있으며, 이는 근로자의 건강과 안전을 위협할 수 있다. 또한 건설프로젝트는 종종 작업 일정이 급하게 조정되고, 작업 부하가 과도하게 분배될 수 있다. 이는 노동자들에게 불필요한 스트레스와 압박을 가할 수 있으며, 작업 효율성과 질을 저하할 수 있다.

10) 근로자의 안전보건환경 취약

안전시설에 대한 조치 미비 또는 불충분한 안전 교육은 근로자들의 안전을 위협한다. 충분한 안전 시설·장비 또는 보호구의 부재, 안전 절차와 규정의 무시, 위험 인식의 부족 등은 안전사고 발생 가능성을 높일 수 있다. 또한 건설프로젝트는 종종 시간 압박을 받으며 작업 일정의 변동성이 높다. 이는 안전 절차나 충분한 시간을 할애할 여유가 없어 안전 관련 사항들이 간과되는 원인이 될 수 있다. 그리고 건설 현장에서 일하는 노동자 중에는 안전에 대한 충분한 경험과 교육을 받지 못한 사람들도 있을 수 있으므로 건설 현장의 근로자들이 안전 환경에 취약해질 수 있다.

또한 건설 현장은 다양한 유해물을 보관, 사용할 수 있으며 먼지, 가스, 연기 등에 대한 적절한 환기 및 통풍이 필요하고 소음, 진동 발생에 대한 저감 조치, 근로자를 위한 적절한 휴식공간의 제공 및 응급시설의 운영 등이 필요하나 이러한 조치가 준비되지 않으면 근로자의 보건환경이 취약해질 수 있다.

2.2 건설엔지니어링의 개선방안

2.1의 건설엔지니어링의 문제점을 해결하기 위해서는 다음과 같은 노력이 필요하다.

1) 건설사업관리 방법의 개선

발주자-건설사업관리자-시공자-하도급자의 수직구조에 기반을 둔 지시형 관리Push Management에서 건설사업관리자가 주도하여 사업에 참여하는 이해관계자들과의 정보교류 및 협업을 통하여 최상의 실천 방법Best Practice을 도출하는 지시·주도 혼합형 관리Push & Pull Hybrid Management로 건설사업관리 방법을 개선하는 것이 필요하다.

2) 지속적인 교육 및 기술개발 프로그램 적용

사업관리자들의 고령화 및 전문성 부족의 사회적 현상을 극복하기 위해서 사업관리기술을 개발하고 지속적인 교육, 사업관리 프로그램 및 관리도구의 최신화, 고령자들을 은퇴 후에도 조언 및 상담 역할을 할 수 있도록 하여 회사의 지속적 역량 강화와 지식 기반을 구축할 필요가 있다. 이를 통해 고령화 및 전문성 부족에 대응할 수 있다.

3) 비용·일정 통합관리

발주자가 계획한 예산과 필요일정이 부적절한 상황에서 과당 경쟁과 덤핑이 심각한 문제가 되고 있으며, 계약 후에 촉박한 공사기간과 수익 저하의 문제로 이어지고 있다. 따라서 사업관리자가 비용과 일정을 통합관리하고 국내·외 경제환경과 공급망을 분석하여 적기에 자재 또는 장비를 발주하거나 사전 발주를 통하여 비용과 일정을 합리적이고 효율적으로 관리할 필요가 있다. 또한 비용일정통합관리Cost & Schedule Integrated Management를 통해 일정을 정기적으로 최신화하고 분석 결과를 반영하여 계획된 비용과 일정을 유지하여야 한다.

4) 회사의 업무 프로세스 개선

비효율적인 업무 프로세스를 식별하여 개선하고 중복작업을 줄이고 효율적 업무 절차를 도입하여 생산성을 높이고 과도한 행정업무를 조정하여야 한다.

3D 모델링, 로봇 기술, 자동화, 영상통화 등을 통한 소통과 신속한 의사결정으로 문제를 해결할 필요가 있다. 이를 통해 고비용 저효율 문제점을 개선할 수 있다.

5) 효율적인 비용계산 및 관리

프로젝트를 적기에 예산 내에서 사업을 완료하기 위해서 입찰 시 프로젝트의 특성과 환경분석이 필요하다. 또한 유사한 경험과 실적을 가진 기술자 확보와 적기 현장 투입 시기를 검토할 수 있고 수주 금액 대비 회사의 수익을 고려하여 용역비를 계산할 필요가 있다. 이를 통해서 저가 수주 방지에 기여하고 건설사업관리자의 낮은 대가 및 낮은 처우를 개선할 수 있을 것이다.

6) 안전보건환경관리 필요

안전사고는 현장의 불안전한 시설과 근로자의 불안전한 행동 때문에 발생한다. 조직의 최고 경영진 또는 관리자는 안전에 대한 리더십을 발휘하여 현장에 필요한 안전시설을 충분히 제공하여야 하며, 현장의 안전교육과 훈련을 실시하고 안전 위험 평가를 통하여 잠재적 위험을 식별하고 대응 및 예방조치를 실시할 필요가 있다.

이를 통해서 근로자의 열악한 환경과 근로자의 안전사고를 해결할 수 있을 것이다.

7) 청년 유입 프로그램 개발

청년들에게 건설엔지니어링에 관한 관심과 유입을 촉진하는 청년 창업, 스타트업 지원 등 청년층 대상으로 하는 정책과 교육 프로그램을 개발하여야 한다.

또한 제조업, 금융업, IT업 등과 비교하여 적정 근무시간, 임금 등 청년들의 요구 사항을 충족시킬 필요가 있다. 이외에도 청년들의 전문성을 향상할 수 있는 교육 및 인증 체계를 강화하거나 청년들의 경력 개발 및 성장을 위한 멘토링 프로그램 개발 및 기회를 제공하여야 한다.

8) 신기술 도입 환경 조성

새로운 기술과 혁신적인 방법론의 도입을 장려하고 지원하는 제도 및 환경을 조성하여야 한다. 예를들면 신기술 활용이 우수한 발주자와 계약자에게 인센티브를 부여하거나 신기술에 대한 신청, 검토, 검증을 최소화하고 지정된 신기술로 인해 현장에서 얻은 혜택을 발주자와 계약자가 공유할 수 있도록 해야 한다.

02

1부는 건설엔지니어링의 현황, 건설 엔지니어링의 문제점과 개선 방안에 대해서 검토·분석하였다.

2부는 건설사업관리에 대해 다루고자 한다.
건설사업관리제도는 프로젝트 전 생애주기에 걸쳐 효율적이고 전문 적인 관리활동을 통해 품질 제고, 비용 절감, 공사기간 단축 등의 목표를 달성하는 전문적인 종합서비스이다.
국내에서는 건설사업관리와 유사한 용어로 감리, CM/PM, PM, PMC, PgM 등이 다양하게 사용되고 있다.

본 서는 이들 용어를 건설사업관리Construction Management, CM, 프로젝트 관리Project Management, PM, 프로그램 관리Program Management, PgM 등 세가지 종류로 구분하여 설명한다.
건설사업관리는 「건설산업기본법」, 「건설기술진흥법」, 「건축법」, 「주택법」 등 건설사업에서 규정하고 있는 업무 내용을 중심으로 설명한다.

프로젝트 관리와 프로그램 관리는 아직 국내에서는 그 개념, 원칙, 프로세스에 대한 명확한 정의가 없으므로 미국 프로젝트관리협회Project Management Institute, PMI와 미국 건설관리협회Construction Management Association of America, CMAA, 영국 성공적인 프로그램 관리Managing Successful Programmes, MSP의 사업관리 원칙Principle이나 성과영역Performance Domain 및 프로세스를 중심으로 비교 분석하여 세가지 종류의 건설사업관리 차이점을 식별하고 건설사업관리의 계약 방식, 건설사업관리자의 역량과 가치실현을 위한 건설사업관리 성공 요인의 프레임 워크(사람들, 프로세스, 결과물)을 제시한다.

· 건설사업관리의 성공전략 ·

part2

제 2 부 건설사업관리

chapter 03

건설사업관리 (CM)

제 3 장
건설사업관리
(Construction Management, CM)

3.1 건설사업관리

건설사업관리란 건설공사에 관한 기획, 타당성 조사, 분석, 설계, 조달, 계약, 시공관리, 감리, 평가 또는 사후관리 등에 관한 관리를 수행하는 업무로 정의하고 있으며[1)]「건축법」, 「주택법」, 「건축사법」은 건설사업관리를 주로 시공단계의 공사감리로 정의하고 있다.

또한, Construction Management란 프로젝트 목표를 달성하기 위해 처음부터 완료까지 본 프로젝트의 기획, 설계, 건설에 적용되는 전문적인 관리 관행으로 여기에는 모든 시간, 범위, 비용, 품질, 목표달성이 포함된다.[2)]

건설사업관리는 공공부문과 민간 부문에 따라 적용하는 법이 다르고 용어와 업무 및 대가 등이 통일되지 못한 채 기존의 책임감리가 용어만 바뀐 것으로 인식되고 있으며, 설계 전 단계, 기본설계 단계, 실시설계 단계, 구매조달 단계, 시공 단계, 시공 후 단계 등과 같이 그 관리 범위를 광범위하게 규정하고 있으나 대부분은 시공 단계 위주의 건설사업관리가 수행되고 있다.[3)]

건설사업관리란 현장에서 이루어지는 시공 과정에서의 사업관리에 중점이 맞추어지는 건설사업관리 기술이다. 발주자로부터 권한을 위임받아 시공 단계 전반에 걸쳐 발주자, 시공자, 하도급자 등과 협업하여 범위관리, 일정 관리, 비용관리, 안전관리, 품질관리 등을 수행하는 관리 업무를 말한다. 건설사업관리 분야의 시공단계에서 주로 건설현장을 중심으로 독립적으로 적용하고 있는 관리영역이다.

---

1) 「건설산업기본법」 제2조 정의
2) CMAA, 2021. Construction Standards of Practice.
3) 본서에서 건설사업관리(Construction Management)란 시공단계에 국한되어 통념적으로 적용되는 관리활동과 법령에서 정의하고 있는 전단계에 걸쳐서 적용되는 관리활동을 건설사업관리로 칭한다.

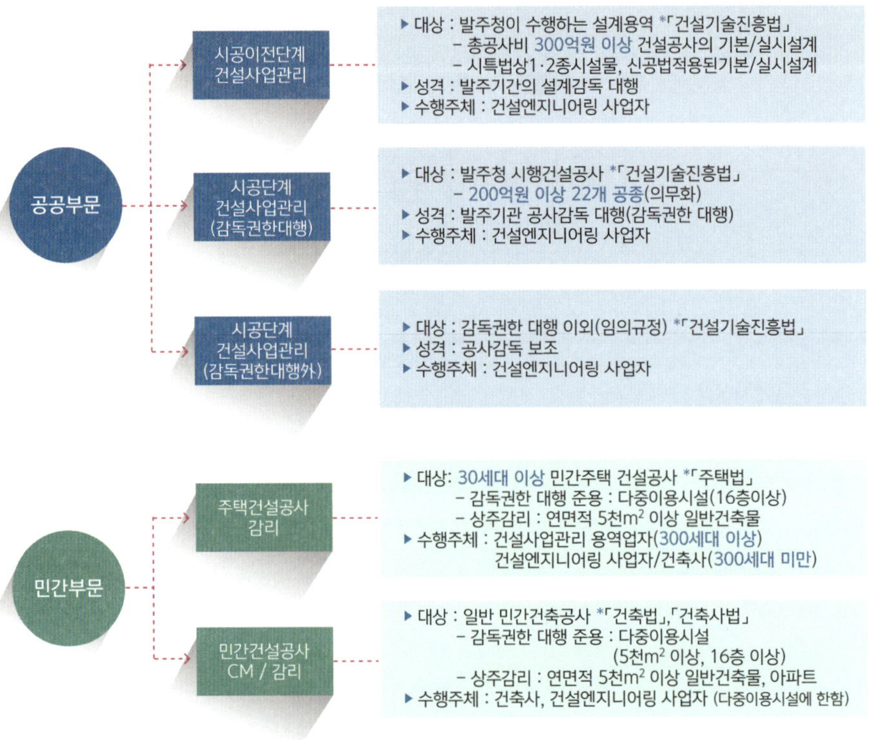

[자료 2-1] 건설사업관리 및 공사감리 체계도

[자료 2-1] 에서 보는 바와 같이 공공부문은 「건설기술진흥법」에서 건설사업관리로 정의하고 있고, 민간부문의 공동주택의 공사감리는 「주택법」에서 정하고 있으며, 일반 건축의 공사감리는 「건축법」과 「건축사법」에서 공사감리 자격이 있는 자를 해당 건설공사의 감리자로 지정토록 정하고 있다.

건설사업관리 제도 연혁

- 1994.01 책임감리제도 도입
  * 부실시공에 따른 대형 사고로 인해 50억 원 이상 공공 건설공사에 전면 시행
- 1996.12 건설사업관리 제도 도입「건설산업기본법」
- 2000.01 건설사업관리 세부 시행 근거 마련 「건설기술관리법」
- 2001.08 건설사업관리 대가 기준 및 업무 지침
- 2001.09 건설사업관리 용역계약 내용 유지관리 시행
- 2001.12 건설사업관리자 사업수행 능력 세부 평가 기준 제정

- 2002.01 CM 능력 평가・공시제도 도입「건설산업기본법」
- 2002.11 CM 수행 능력 평가・공시 업무 수행
- 2011.05 시공 책임형 건설사업관리 개념 도입「건설산업기본법」
- 2014.05 감리와 건설사업관리의 통합
  * 「건설기술관리법」을「건설기술진흥법」으로 전면 제·개정
- 2019~ 현재, 건설엔지니어링 고부가가치화를 위한 PM 제도화 추진
  * PMC, PgM 등 제도화 및 시범사업 추진

3.2 시공 이전 단계 건설사업관리의 업무내용

시공 이전 단계의 건설사업관리는 설계 전 단계, 설계 단계, 구매조달 단계로 구분할 수 있다.

설계 전 단계의 건설사업관리 업무는 사업 타당성 검토, 사업 예산 수립, 사업 일정 수립, 품질관리 계획 수립, 안전보건환경계획 수립, 재해방지계획 수립 등의 업무이다.

설계 단계의 건설사업관리 업무는 설계도서 검토, 가치공학 실현, 시공성 검토, 유지관리성 검토, 사업예산 산정, 사업 일정 산정 등 업무이다.

구매조달 단계의 업무는 발주문서 작성, 입찰공고, 입찰, 심사 및 평가, 낙찰 및 계약 등의 업무이다.

그러나 이러한 모든 업무는 계약 범위에 따라 상이하나, 일반적으로 발주자가 수행하고 있으며 건설사업관리자가 참여하는 업무는 설계도서 검토, 가치공학 실현, 시공성 검토 등의 업무로 한정되는 것이 국내 현실이다.

3.3 시공 단계 건설사업관리의 업무 내용

「건설기술진흥법 시행령」 제59조 2항은 건설사업관리의 업무내용을 다음과 같이 규정하고 있다.

1) 건설공사의 계획, 운영 및 조정 등 사업관리 일반
2) 건설공사의 계약관리
3) 건설공사의 사업비 관리
4) 건설공사의 공정관리
5) 건설공사의 품질관리
6) 건설공사의 안전관리
7) 건설공사의 환경관리
8) 건설공사의 사업정보 관리
9) 건설공사의 사업비, 공정, 품질, 안전 등에 관련되는 위험 요소 관리
10) 기타 건설공사의 원활한 관리를 위하여 필요한 사항

3.4 건설사업관리의 대상 공사

「건설기술진흥법」 제39조 1항은 건설사업관리 대상 공사를 다음과 같이 규정하고 있다.

1) 공항, 철도, 발전소, 댐 또는 플랜트 등 대규모 복합 공종의 건설공사
2) 설계 · 시공관리의 난이도가 높아 특별한 관리가 필요한 건설공사
3) 발주청의 기술 인력이 부족하여 원활한 공사 관리가 어려운 건설공사
4) 기타 건설공사의 원활한 수행을 위하여 발주청이 필요하다고 인정하는 건설공사

chapter 04

프로젝트 관리 (PM)

제 4 장
프로젝트 관리 (Project Management : PM)

4.1 프로젝트 Project

프로젝트는 고유한 제품Product, 서비스Service, 또는 결과Result를 창출하기 위해 일시적으로 투입되는 노력으로 프로젝트는 일시적 속성으로 프로젝트 작업 또는 단계에서 시작과 끝이 있음을 의미한다. 프로젝트는 독립적이거나 프로그램의 일부가 될 수 있다.

프로젝트는 다음과 같은 특징이 있다.

1) **일시적** Temporary : 프로젝트는 시작과 끝이 있으며, 목표를 달성한 후에는 종료
2) **고유한 결과물** Unique Product : 프로젝트는 고유한 제품, 서비스 또는 결과를 생성
3) **점진적 구체화** Progressive Elaboration : 단계적 발전과 일정한 증가를 유지

4.2 프로젝트 관리 Project Management

프로젝트 관리는 "지식, 기술, 도구 및 기술을 활용하여 프로젝트 목표를 달성하기 위한 계획, 조직, 실행, 모니터링 및 통제하는 활동의 총체"로 정의한다.[4)]

프로젝트 관리는 프로젝트의 성공을 위해 다양한 요소를 관리하는 과정이다. 이러한 요소에는 프로젝트 범위, 일정, 비용, 품질, 리스크, 인적자원 등이 포함된다.[5)]

4.3 프로젝트 관리 프로세스 Project Management Process

프로젝트는 여러 개의 단계Phase로 진행된다. 이러한 단계는 논리적으로 연관된 업무 활동으로 구성된다. 프로젝트가 시작될 때부터 종료되기까지 일련의 단계를 프로젝트 프로세스라고 한다. 프로젝트 프로세스는 산업 분야, 규모와 복잡성에 따라 다양하게 구분할 수 있다.

미국 PMI는 [자료 2-2] 에서 보는 바와 같이 프로젝트 프로세스를 초기Initiating, 기획Planning, 실행Executing, 모니터링 및 통제Monitoring and Controlling, 종료Closing 단계로 분류하였다.

4) PMI, 2021, A Guide to the Project Management Body of Knowledge (PMBOK Guide) 7th edition and The Standard for Project Management.

5) 본서에서 프로젝트 관리는 국내 법령상은 없지만 미국 PMI, 영국 AXELOS, 미국 CMAA 등에 일반적으로 통용되는 용어로 개별 프로젝트별 건설사업관리를 프로젝트 관리라 칭한다.

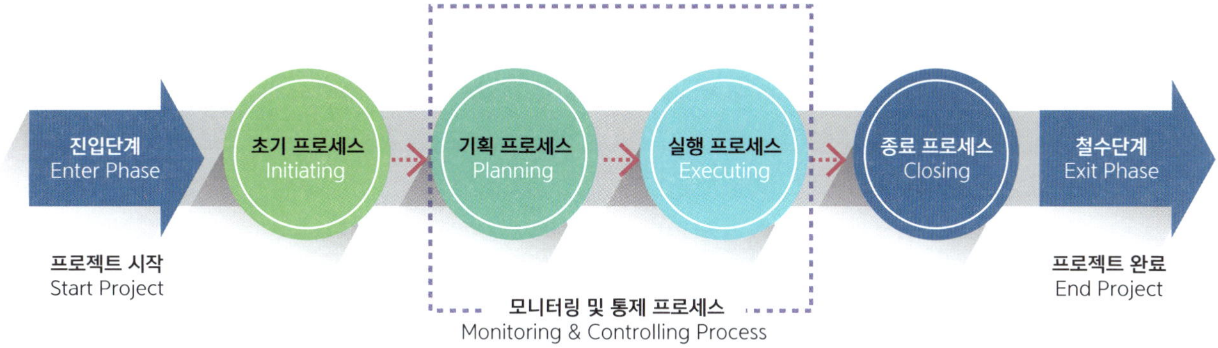

[자료 2-2] 프로젝트 관리 프로세스 그룹

1) 초기 프로세스 그룹 Initiating Process Group : 프로젝트의 목적과 범위를 정의하고, 프로젝트팀을 구성하는 활동을 포함한다.

2) 기획 프로세스 그룹 Planning Process Group : 프로젝트 목표를 달성하기 위한 계획을 수립하는 활동을 포함하여 범위, 일정, 비용, 품질, 위험, 인력 등의 계획을 수립한다.

3) 실행 프로세스 그룹 Executing Process Group : 계획된 작업을 수행하고 프로젝트 결과물을 생성하는 활동과 팀원 관리, 작업 수행, 의사소통 등을 포함한다.

4) 모니터링 및 통제 프로세스 그룹 Monitoring and Controlling Process Group : 프로젝트의 진행 상황을 모니터링하고, 계획 대비 실제 결과를 평가하며, 필요한 조치를 하는 활동을 포함한다.

5) 종료 프로세스 그룹 Closing Process Group : 프로젝트를 종료하기 위한 활동을 포함하며 결과물 검수, 계약 해지, 프로젝트 최종 성과 결산 등이 이에 해당한다.

상기 1)~5) 항의 프로세스 그룹은 순차적 또는 반복적으로 수행될 수 있으며, 프로젝트 관리자는 이를 조율하여 프로젝트를 성공적으로 이끌어 나간다.

4.4 PMI 프로젝트 관리의 12가지 원칙 12 Principles of PM

원칙은 전략, 의사결정 및 문제해결을 위한 기본 지침 역할을 한다.
프로젝트를 효과적이고 효율적으로 관리하기 위한 핵심적인 원칙은 아래와 같다.

1) 스튜어드십 Stewardship

성실하고 존경할 만하며 배려심이 있는 건설사업관리자의 책무로서 내·외부의 지침을 준수하며 진실성, 주의 및 신뢰성을 가지고 활동을 수행하며 책임감으로 지역사회와 자연환경에 대한 책임, 건설프로세스에서의 자원 소비, 환경오염, 안전 등에 대한 책임을 준수하는 것을 말한다.

2) 프로젝트팀 Project Team

건설사업관리에서 프로젝트팀은 건설프로젝트의 계획, 설계, 시공, 운영의 책임을 지는 핵심 기능을 담당한다.

프로젝트팀은 조직과 전문적인 문화와 지침 내에서 업무를 수행하며 때로는 자체적인 지역문화를 형성할 수도 있다.

협력적인 프로젝트팀의 환경은 다른 조직문화와 지침과 조화, 개인 및 팀의 학습과 발전, 그리고 목표로 하는 결과물을 제공하기 위한 선택적인 활동을 하게 된다.

3) 이해관계자 Stakeholders

건설사업관리에서 이해관계자는 프로젝트에 영향을 받거나 영향을 주는 모든 개인 또는 단체라고 정의할 수 있다. 이해관계자는 각자의 관점에서의 요구사항을 제시하거나 자금, 장비, 인력, 정보 등의 자원을 제공할 수 있으며 프로젝트팀과의 협업을 통해서 프로젝트의 가치를 만족시키는 역할을 하게 된다.

4) 가치 Value

건설사업관리의 궁극적인 목표는 프로젝트의 가치를 성공적으로 창출하는 것이다. 가치는 프로젝트를 진행할 때, 프로젝트를 종료할 때 또는 프로젝트 완료 이후에 영향을 미치는 요소이다.

"가치"는 사회적 측면, 환경적인 측면, 경제적인 측면, 기능적인 측면에서 고려된다.

5) 시스템 사고 System Thinking

프로젝트는 독립적이면서도 상호작용을 하는 활동 영역으로 복잡하고 다양한 요소로 구성된 시스템이다. 따라서 시스템 사고란 개별요소나 부분적인 해결을 넘어서 상호작용을 하고 영향을 주고받는 모든 구성요소와 관계를 고려하여 해법을 찾는 것에 목표를 둔다. 시스템 사고는 프로젝트 부분이 상호 작용하고 외부 시스템과의 상호작용과 합리적으로 융합되어야 한다는 전체적인 시각으로 접근Holistic Approach하며 시스템은 지속해서 변화하는 특성을 갖는다.

6) 리더십 Leadership

리더십이란 프로젝트를 성공적으로 끌어 나가기 위한 핵심 역량으로 개인과 팀을 이끄는 지도력 또는 통솔력이다.

유능한 리더는 정직성, 청렴성, 윤리적 행동 분야에서 모범적인 행동이 요구되며 조직문화의 구축, 의사소통, 비전제시, 리스크관리, 인재 관리 등에 역량을 발휘하여 성과를 거두게 된다.

7) 조정 Tailoring

조정이란 프로젝트의 특성과 요구사항에 적합하도록 프로세스를 수정, 보완, 개선하는 맞춤화한 활동을 의미한다.

프로젝트마다 독특한 특성을 가지고 있으므로 프로젝트의 맥락에 적응하여 가장 효율적이고 효과적인 결과를 생산하기 위하여 프로세스를 문서로 만들어 모든 이해관계자가 공유할 수 있도록 한다.

8) 품질 Quality

품질은 이해관계자의 기대를 충족시키고 프로젝트의 요구사항을 충족하는 것을 의미한다. 이는 합의된 기준을 만족하거나 초과하는 제품, 서비스 또는 결과물을 제공하는 것이다. 품질이란 고객의 만족과 프로젝트의 전반적인 성공을 보장하는 핵심 요소이다.

9) 복잡성 Complexity

복잡성은 인간의 행동, 시스템의 상호작용, 불확실성 및 모호성을 말한다. 프로젝트 진행 중 어떤 시점에서든지 발생할 수 있으며 가치, 범위, 소통, 이해관계자 리스크 및 기술혁신에 영향을 미치는 사건이나 조건에 의해서도 발생할 수 있다.

따라서 프로젝트팀은 과업을 수행하는 중에 항상 복잡성의 요소를 식별하여 다양한 방법을 사용하여 복잡성의 영향을 최소화하는 역할을 한다.

10) 리스크 Risk

리스크란 프로젝트 수행시 발생할 수 있는 불확실성으로 인하여 프로젝트 목표 달성에 부정적인 영향을 미칠 가능성 있는 요소를 말한다.

리스크는 개별적 또는 전반적인 영향을 프로젝트에 미치게 되며 긍정적 리스크(기회)와 부정적 리스크(위협)로 구분할 수 있다.

리스크를 어떻게 관리할 것인가 하는 것은 프로젝트팀의 태도, 능력, 수용력 등의 한계에 따라 결과가 달라진다.

리스크 대응은 비용의 효율성과 이해당사자들의 동의 절차를 거쳐 이루어진다.

11) 적응성과 복원력 Adaptability & Resiliency

적응성과 복원력은 건설산업에서 민첩하고 지속가능한 성장을 위해서 필수적인 개념이다. 적응성은 변화하는 환경에 유연하게 대처하고 프로젝트팀과 프로젝트가 변화에 빠르게 적응하는 능력이다.

복원성은 건설산업에서 예기치 않은 문제, 위험, 또는 재앙과 같은 부정적인 상황에 대처하는 능력이다. 따라서 건설사업관리는 이러한 변동성에 대하여 적기에 대처하여 가치를 창출하게 된다.

12) 변경 Change [1)]

건설사업관리의 변경란 프로젝트 수행 중에 발생하는 계획, 설계, 범위, 시공 등의 변경을 의미한다. 기준의 변경, 이해당사자들의 요구사항 변경, 기술적인 문제 발생으로 인한 변경, 외부요인에 의한 변경 등 다양한 변경이 발생한다.

프로젝트팀과 이해관계자들은 소통과 협업을 통하여 이러한 변경에 대응한다.

1) Change는 계약, 법률, 현장조건 등 의도적, 계획적으로 일어나는 것을 변경이라고 하고 계절 변화, 기후변화, 삶의 변화 등 자연스럽게 일어나는 것을 변화라고 한다.

4.5 PMI 프로젝트 관리의 8가지 성과영역
8 Performance Domains of PM

프로젝트 성과영역은 프로젝트 관리의 핵심적인 관련 활동 그룹이다. 프로젝트 성과영역은 원하는 프로젝트 성과의 달성을 위해 조화롭게 작용하는 상호 연관되고 상호 의존적인 대화형의 초점 영역이다.

프로젝트 관리의 8가지 성과영역은 아래와 같다.

1) 이해관계자 성과영역 Stakeholder Performance Domain

이해관계자와 관련된 활동과 기능을 다루며 다음과 같은 결과를 도출한다.

(1) 프로젝트 전반에 걸친 이해관계자와 생산적인 업무 관계 유지
(2) 프로젝트 목표에 관한 이해관계자와의 합의
(3) 프로젝트 수혜자인 이해관계자의 지원과 만족을 달성하며 비(非)수혜자인 이해관계자의 부정적인 영향을 해소

프로젝트 이해관계자를 식별하고 관리하는 것은 프로젝트를 성공적으로 수행하기 위한 좋은 방법이다. 주요 프로젝트 이해관계자가 참여하면 프로젝트 생애주기 동안 중요한 지원을 받을 수 있다.

이해관계자의 참여는 다음과 같은 활동을 포함될 수 있다.

- 식별 Identify
- 이해 및 분석 Understand and Analyze
- 우선순위 지정 Prioritize
- 참여 Engage
- 모니터링과 평가 Monitor and Evaluate
- 조정과 소통 Adjust and Communicate

2) 팀 성과영역 Team Performance Domain

프로젝트 결과물의 생산에 책임이 있는 사람과 관련된 활동과 기능을 다루며 다음과 같은 결과를 도출한다.

(1) 공동소유의 팀 구성 Shared Ownership

(2) 높은 수준의 팀 구성 High performing Team

(3) 모든 팀원에 의하여 적용할 수 있는 리더십과 대인관계 기술을 보유하여 감성지능 능력을 개발하고 의사결정을 하며 타인과의 갈등을 해결한다.

팀 성과를 도출하기 위해 필요한 리더십과 대인관계 기술은 아래와 같은 활동을 고려할 수 있다.

- 의사소통 Communication
- 협력 Collaboration
- 갈등해결 Conflict Resolution
- 적응성 Adaptability
- 감성지능 Emotional Intelligence
- 책임감 Responsibility
- 동기부여 Motivation
- 사회적 네트워크 Social Networks

3) 개발접근방식 및 생애주기 성과영역 Development Approach & Life Cycle Performance Domain

프로젝트 개발 작업 및 활동 주기와 생애주기와 관련하여 활동과 기능을 다루며 다음과 같은 결과를 도출한다.

(1) 프로젝트의 목표 Project Target

(2) 작업계획과 일정계획 Work plan & Schedule

(3) 자원할당 Resource Allocation

(4) 리스크 식별 및 조치와 대응 전략 Risk Identification and Response Strategy

(5) 성과측정 및 평가 Measurement and Evaluation

(6) 예산과 견적 Budget & Estimate

4) 기획 성과영역 Planning Performance Domain

프로젝트 결과물과 성과 인도에 필요한 초기 단계, 진행 단계, 발전단계의 조직 및 협력을 위한 활동과 기능을 다루며 다음과 같은 결과를 도출한다.

(1) 프로젝트의 목표와 요구사항을 정의
(2) 작업 분할 및 일정기획 수립
(3) 프로젝트는 조직적이고 통합적인 방식으로 기획
(4) 전체적인 접근방식으로 프로젝트 성과를 인도
(5) 프로젝트가 진행되면서 점진적으로 구체화
(6) 계획 정보가 이해관계자의 기대치를 충족
(7) 새롭게 부상하고 변화하는 요구조건을 근거로 프로젝트 전반에서 기획을 조정

또한 다른 관점에서 기획 요소는 다음을 포함하나 이에 국한되지 않는다.

(1) 프로젝트팀 구성 및 구조
(2) 의사소통
(3) 구매
(4) 변경
(5) 계획, 시공 및 검측 사이의 연결 지표
(6) 프로젝트 전체를 통합하는 계획 활동의 조정
(7) 다른 성과영역과의 상호작용

또한 프로젝트의 계획에 영향을 주는 계획변수는 아래와 같으나 이에 국한되지 않는다.

(1) 프로젝트 범위
(2) 예산 추정 (초기 단계 : -25~+75%의 편차 발생, 실행 단계 : -5~+10%의 편차 발생)
(3) 일정기획
(4) 예산기획(리스크에 대한 예비비 고려)
(5) 프로젝트팀 구성
(6) 자원기획
(7) 조달기획

(8) 변경관리
(9) 리스크관리
(10) 성과측정 및 평가
(11) 다른 성과영역과의 상호작용

5) 프로젝트 작업 성과영역 Project Work Performance Domain

프로젝트의 효율성과 성과를 향상시키는 역할을 수행하는 것으로서 프로젝트 진행 과정, 자원관리, 학습된 환경을 확립하는 활동과 기능을 담당하며 다음과 같은 결과를 도출한다.

(1) 효과적이고 효율적인 프로젝트 수행
(2) 이해관계자와의 적절한 의사소통
(3) 품질/안전/보건/환경관리
(4) 인적자원관리
(5) 구매조달관리
(6) 비용 및 일정관리
(7) 리스크 및 간섭관리
(8) 변경관리
(9) 프로젝트팀의 계속적인 능력향상
(10) 프로젝트의 성과측정
(11) 프로젝트 통합관리

또한 프로젝트 작업은 프로젝트팀이 아래 작업 활동을 원만하게 수행할 수 있도록 하지만 이에 국한되지는 않는다.

(1) 기존작업, 신규작업 및 변경 작업의 흐름을 관리
(2) 프로젝트팀 중심 관리
(3) 효율적인 프로젝트 시스템과 과정 확립
(4) 자재, 장비 공급과 물류관리
(5) 프로젝트 학습과 지식 전달

6) 프로젝트 인도 성과영역 Delivery Performance Domain

프로젝트의 공사 완료, 품질, 비용, 일정, 자원관리 등을 효과적으로 수행하여 고객의 요구를 충족시키고 프로젝트의 성공을 끌어내는 활동과 기능을 다루며 다음과 같은 결과를 도출한다.

(1) 프로젝트 목표 실현
(2) 프로젝트 수행 전략개발
(3) 계획된 기간 내의 프로젝트 편익 실현
(4) 프로젝트 요구조건에 대한 프로젝트팀의 이해
(5) 프로젝트 공사 완료에 대한 이해관계자들의 만족과 수용

또한 프로젝트 인도 결과물은 아래 활동을 반영하지만 이에 국한되지는 않는다.

(1) 이해관계자들의 요구
(2) 과업의 범위
(3) 프로젝트 수익에 장기적 영향을 미치는 품질
(4) 품질에 따른 비용
(5) 변경에 따른 비용
(6) 다른 성과영역과의 상호작용

7) 성과측정 영역 Measurement Performance Domain

프로젝트의 성과를 측정하고 분석하여 효과적인 의사결정과 개선을 끌어내는 역할을 수행하는 활동과 기능을 다루며 다음과 같은 결과를 도출한다.

(1) 프로젝트 현황에 대한 신뢰할 만한 이해
(2) 의사결정을 취할 수 있는 데이터
(3) 프로젝트 성과 달성을 위한 적기의 적절한 활동
(4) 신뢰할 수 있는 예측과 평가를 통하여 비즈니스 가치를 창출하고 적기의 의사결정으로 목표를 달성

성과측정은 다음을 포함한 여러가지 이유로 활용된다.

(1) 계획가치 대 실적가치의 성과평가
(2) 자원의 활용, 완료된 작업, 확정된 예산의 추정
(3) 책임 사항에 관한 확인
(4) 이해관계자에게 정보제공
(5) 프로젝트의 결과물이 계획가치를 충족하는지에 대한 평가
(6) 대화를 통한 협상 요소, 위협 요소, 기회 요소, 선택 요소의 식별
(7) 결과물에 대한 고객만족도 확인

성과측정 기준선은 비용과 일정에 관한 것이다. 과업 범위나 기술적 기준은 성과측정에 이용된다. 비용이나 일정 측정은 계획 대 성과를 추적하는 것이며 아래와 같은 방식을 이용한다.

(1) 획득가치관리시스템 Earned Value Management System, EVMS

아래 평가 요소를 근거로 비용과 일정의 차이CV & SV를 측정하고 비용 성과지수CPI와 일정 성과지수SPI를 산출 분석하여 일정계획 대 실적, 비용계획 대 실적을 평가한다.

- 실행예산 BCWS Budget Cost of Work Scheduled, Planned Value(PV)
- 실행기성 BCWP Budget Cost of Work Performed, Earned Value(EV)
- 실투입비 ACWP Actual Cost of Work Performed, Actual Cost(AC)
- 비용차이 CV Cost Variance = EV – AC
- 일정차이 SV Schedule Variance = EV – PV
- 비용 성과지수 CPI Cost Performance Index = EV / AC
- 일정 성과지수 SPI Schedule Performance Index = EV / PV

[자료 2-3] 은 EVMS 비용일정관리 곡선을 나타낸 것이다.

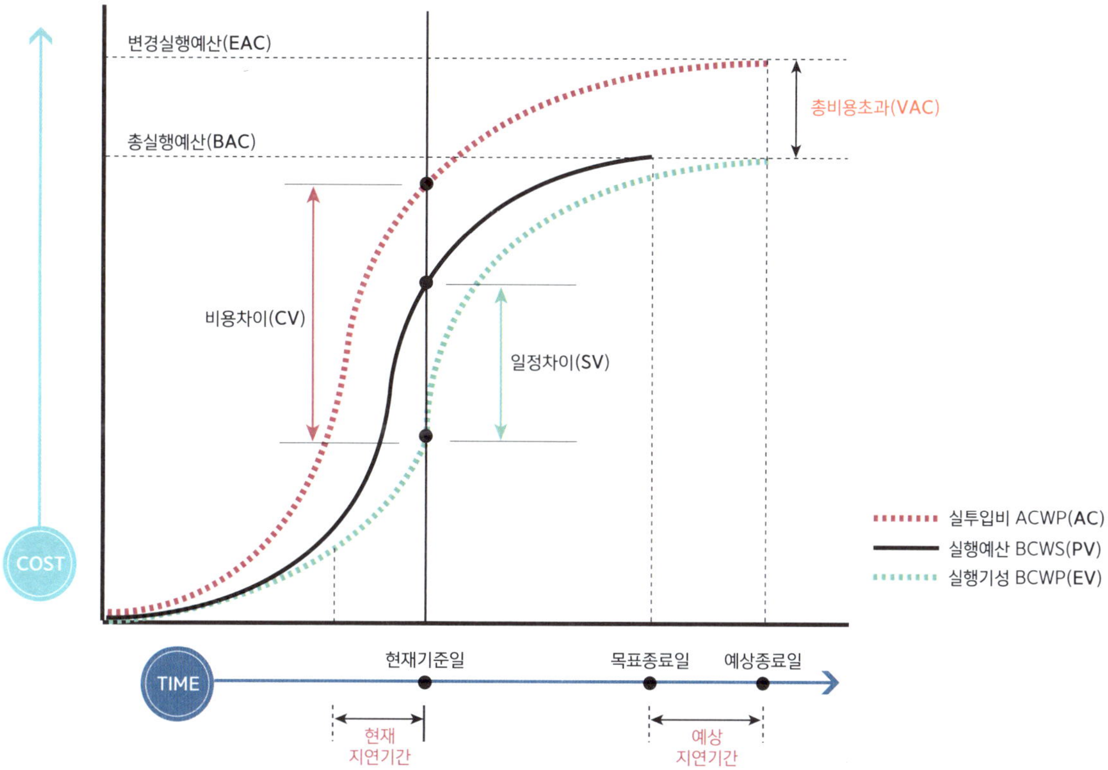

[자료 2-3] EVMS 비용일정관리 곡선

(2) 비즈니스 가치 Business Value

비즈니스 가치는 아래와 같은 지표로 평가된다.

- 편익 비용 비율 Benefit Cost Ratio, BCR
- 투자 수익률 Return on Investment, ROI
- 순현재 가치 Net Present Value, NPV

(3) 프로젝트 비용 예측 요소 Project Cost Forecast Factor

프로젝트 비용 예측 요소는 아래와 같다.

- 잔여예상원가 Estimate to Completion, ETC
- 총실행예산 Budget at Completion, BAC
- 변경실행예산 Estimate at Completion, EAC

EVMS를 매트릭스로 운영하는 것이 비용일정통합관리이다. 비용일정통합관리는 12.2.4)를 참조한다.

8) 불확실성 성과영역 Uncertainty Performance Domain

불확실성을 인식하고 처리하여 프로젝트의 위험 요소를 최소화하고 목표한 결과를 도출하는 활동과 기능을 다루며 다음과 같은 결과를 도출한다.

(1) 기술, 사회, 정치, 시장과 경제환경에 대한 이해
(2) 불확실성에 대한 조기 탐색과 대응
(3) 다수의 변화에 대한 상호의존도 인식
(4) 예상되는 위험과 기회 및 문제의 연속성에 대한 이해
(5) 예기치 못한 사건이나 상황으로부터 부정적인 영향을 받지 않도록 하는 공사 시행
(6) 프로젝트 성과 및 결과를 향상하기 위한 기회의 인식
(7) 프로젝트의 목적 달성을 위하여 비용과 일정에 여유 확보

넓은 의미에서 불확실성에 고려해야 할 사항은 아래와 같다.

(1) 인지할 수 없는 미래 사건에 대한 리스크 Risk
(2) 인지할 수 없는 미래의 상황에 대한 모호성 Ambiguity
(3) 예측할 수 없는 결과를 유발하는 동적시스템에 대한 복잡성 Complexity

환경영향과 관련한 불확실성에 고려해야 할 사항은 아래와 같다.

(1) 가격 변동성, 자원 가용성, 자금차입 능력, 인플레이션 및 디플레이션과 같은 경제적 요소
(2) 새로운 기술, 시스템이나 간섭 사항 등 복잡성과 관련된 기술적 고려 사항
(3) 법적 제한이나 요구사항
(4) 현재 또는 미래 조건에 대한 모호성
(5) 여론이나 미디어에 의하여 형성되는 사회적 영향
(6) 조직내외부의 정치적 영향

이상과 같이 프로젝트 8가지 성과영역은 성과영역 간의 통합된 형태로 수행된다.

이러한 방식에 따라 성과영역은 통합 시스템으로 작동하며, 각 성과영역은 다른 성과영역과 상호 의존되어 프로젝트 및 의도한 결과를 성공적으로 인도할 수 있다.

성과영역은 가치가 제공되는 방식(예: 자주, 정기적으로, 또는 프로젝트 종료 시)에 관계없이 프로젝트 전반에 걸쳐 동시에 실행된다.

예를 들어 프로젝트 리드는 프로젝트 시작부터 종결에 이르기까지 이해관계자, 프로젝트팀, 프로젝트 생애주기, 프로젝트 작업 등에 집중하며 시간을 할애한다.

이러한 중점 영역은 각각 독립적이고 상호 연결된 포괄적인 개념을 갖는다.

성과영역과 관련된 방식은 프로젝트마다 다르긴 하지만 모든 프로젝트에 존재한다.

각 성과영역에서 수행되는 특정 활동은 조직, 프로젝트, 인도물, 프로젝트팀, 이해관계자 및 기타 요인의 맥락에 따라 결정된다. [자료 2-4] 참조

프로젝트 관리 12가지 원칙 12 Principles of Project Management			
스튜어드십 Stewardship	프로젝트 팀 Project team	이해관계자 Stakeholders	가치 Value
시스템 사고 System thinking	리더십 Leadership	조정 Tailoring	품질 Quality
복잡성 Complexity	리스크 Risk	적응성과 회복력 Adaptability and Resiliency	변경 Change

행동지침

프로젝트 관리 8가지 성과영역
8 Performance Domains of Project Management

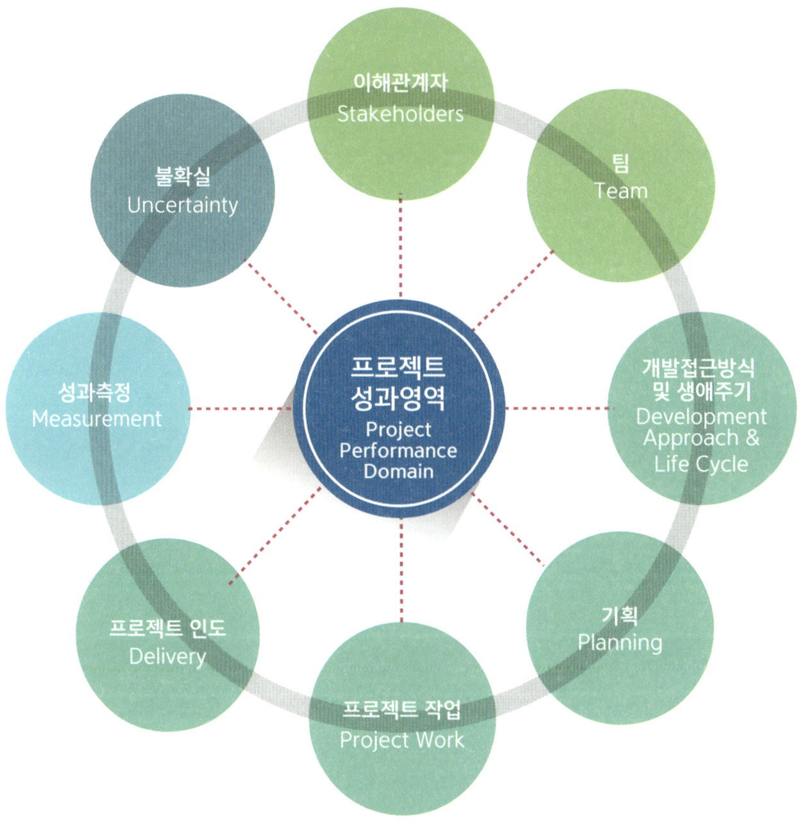

[자료 2-4] 프로젝트 관리 12가지 원칙과 8가지 성과영역

chapter 05

프로그램 관리 (PgM)

제 5 장
프로그램 관리
(Program Management : PgM)

5.1 프로그램 Program

프로그램이란 글로벌 표준에서는 다음과 같이 정의하고 있다.

개별적으로 관리해서는 실현되지 않는 편익Benefits을 달성하기 위해 통합적인 방식으로 관리하는 다양한 관련 프로젝트, 하위 프로그램 또는 프로그램 활동들(미국 PMI, 2021) 또는 하나 이상의 조직에 대한 편익의 성과Outcomes of Benefits를 점진적으로 달성하기 위해 다수의 상호 관련된 프로젝트 및 기타 작업을 이끌도록 설계된 임시 구조로 정의하고 있다(영국 Axelos, 2020).

또한 관련된 프로그램 구성 요소 간 장점을 강조하고 전략적, 운영적 목표 달성에 기여하고 편익을 실현, 상호 연관성을 관리하는 것을 말한다(ISO 21503, 2017).

5.2 프로그램 관리 Program Management[5)]

프로그램 관리란 프로그램 구성요소를 개별적으로 관리해서는 실현되지 않는 편익과 통제를 달성하기 위해 프로그램에 지식, 기술, 원칙을 적용하여 관리하는 방식을 의미하고, 하나 이상의 조직에 대한 편익의 성과를 점진적으로 달성하기 위해 여러 상호 관련된 프로젝트 및 부수 작업을 선도하기 위해 설계된 임시 구조의 관리를 말한다.

건설사업관리 분야에 있어서 프로그램 관리는 프로젝트 관리보다 더 광범위한 영역을 관리하는 기법을 의미한다.

프로젝트 관리Project Management, PM가 단일 또는 특정 프로젝트를 관리하기 위해 수행되는 일시적인 노력이라면, 프로그램 관리PgM는 다수의 프로젝트를 통합적으로 조정 및 관리하는 개념이다. 따라서 PgM의 관리 범위는 PM에 비해 더욱 상위수준Higher-Level으로 확대된다.

상위수준이란 아래 요소를 포함하나 이에 국한되지 않는다.

- 전략 기획 Strategic Planning
- 통합 기획 Integration Planning
- 이해관계자 관리 기획 Stakeholder Management Planning
- 자원 및 리스크관리 기획 Resource & Risk Management Planning

프로그램 관리는 1950년대부터 미국에서 시작되었으며, 공공부문을 중심으로 거대 자본이 투입되고 발주자는 더욱 광범위한 서비스를 요구함에 따라 최근 들어 급격히 발전하고 있다.

국제적으로 수행한 프로그램 관리 적용 사례를 살펴보면 2012 영국 런던올림픽과 중동의 킹 압둘라 경제도시King Abdullah Economic City, KAEC 도시개발사업, 세계

5) 프로그램 관리(Program Management, PgM)란 동시다발적으로 시행되는 공항, 고속철도 등 다수의 복합사업을 대상으로 통합 및 조정, 상호연계성을 관리하는 것을 말한다. 프로그램 관리는 '종합사업관리', '통합사업관리', '종합건설사업관리' 등으로 다양한 용어가 혼재되어 사용되고 있으므로 혼동을 줄이기 위해 본서에서는 2019년 산업통상자원부가 KSA 21503 국가 표준으로 제정한 '프로그램 관리'라는 용어를 사용한다.

주요 7개국이 참여하여 유럽에서 진행한 거대과학 연구 개발사업국제 핵융합 실험로, International Thermonuclear Experimental Reactor, ITER, 파나마 운하 확장 공사, 런던 템즈 타이드웨이 터널Thames Tideway Tunnel 등이 있다.

국내의 대표적인 사례로는 인천국제공항, 경부고속철도, 주한미군기지 평택이전, 행복중심복합도시건설, 새만금 건설사업 등과 같이 신공항, 고속철도, 대규모 군사기지 이전, 신규 도시 개발 등 정부 주도 국책사업 및 국제적 협력이 필요한 대규모 건설사업에 적용되었다.

최근에 프로그램 관리는 PMCProject Management Consultancy, PCMProject Construction Management or Professional Construction Management, 민간 협력 파트너십Public Private Partnership, PPP, 프리콘Pre-Construction, 건설사 조기 참여Early Contractor Involvement, ECI,[6)]책임형 CMCM at Risk, 통합프로젝트 발주Integrated Project Delivery, IPD 방식 등 다양한 모범사례Best Practice 기법을 접목하여 발전하고 있다.

프로그램 관리와 유사한 용어로 포트폴리오 관리와 프로젝트 관리가 있다.

포트폴리오란 전략 목표를 달성하기 위해 하나의 그룹으로 관리되는 프로젝트, 프로그램, 하위 포트폴리오 및 운영 업무들의 집합을 의미하고, 프로그램은 개별적으로 관리해서는 실현되지 않는 편익을 달성하기 위해 통합적인 방식으로 관리되는 다양한 관련 프로젝트, 하위 프로그램 활동들로 정의한다.

또한 프로젝트는 고유한 제품, 서비스 또는 결과를 산출하기 위해 수행하는 한시적인 활동으로 정의한다.

포트폴리오와 프로그램과 프로젝트 관리와의 관계는 미국 PMBOK Guide의 가치인도시스템System for Value Delivery에서 다음의 [자료 2-5] 와 같이 설명하고 있다.

6) 건설사 조기참여(ECI)는 건설사가 설계 초기 단계부터 사업에 참여해 시공성이 우수한 설계를 도출하는 방식이다.

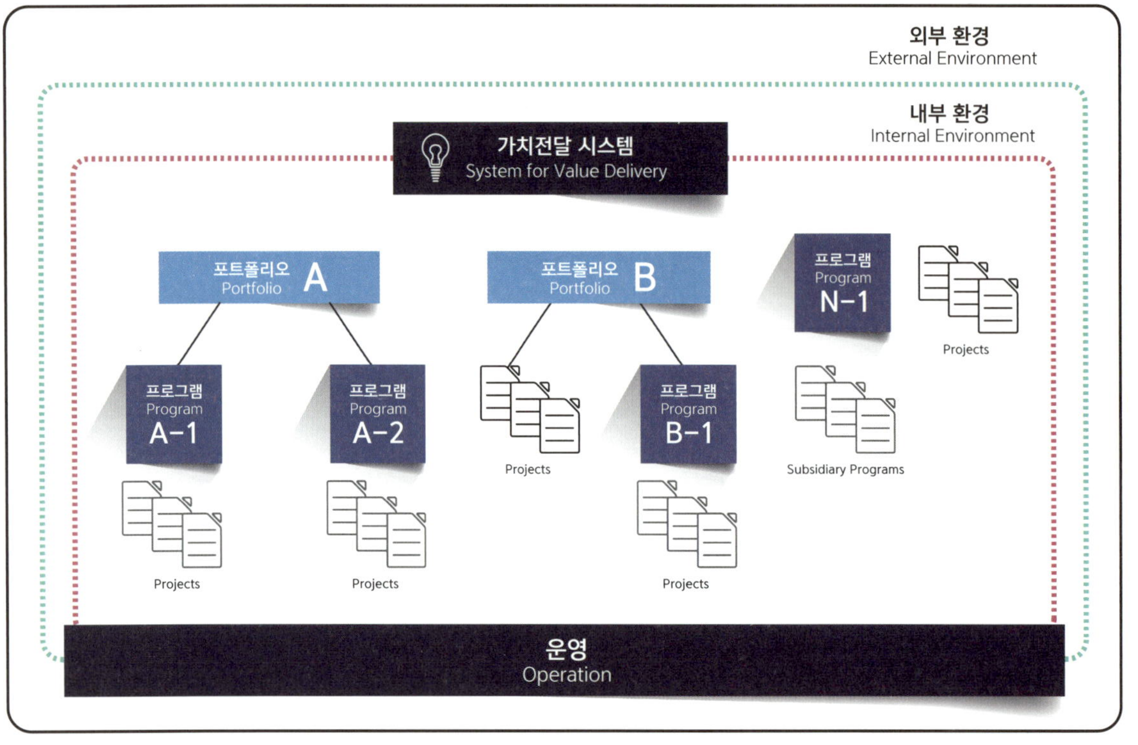

[자료 2-5] 포트폴리오, 프로그램, 프로젝트와 관계

프로젝트 관리와 프로그램 관리는 유사한 면이 있지만 차이점도 존재한다.

프로젝트 관리는 단일 프로젝트의 계획과 실행, 특히 시공 단계를 관리하는 반면, 프로그램 관리는 다수의 프로젝트를 계획하고 관리하는 상위 활동으로, 기획과 계획 단계에 주로 초점을 맞춘다. 프로그램 관리는 프로그램 내에서 각각의 단일 프로젝트의 진행 상황을 종합적으로 분석하고, 상호 의존성을 관리하며, 단일 프로젝트 간의 관계를 조정하고 관리하는 역할에 중점을 둔다. 건설사업관리를 성공적으로 수행하기 위해서는 개별 프로젝트뿐만 아니라 프로젝트와 관련된 다수의 프로젝트 및 기타 작업을 결합하여 고객이 요구하는 결과물 또는 가치 실현이 우선되어야 한다.

이러한 접근방식이 바로 프로그램 관리 차원의 통합적인 접근방식Holistic Approach이다. 건설사업 관리의 결과물은 단위 프로젝트의 산출물Outputs 뿐만 아니라 고객이 요구하는 프로그램 성과Outcomes와 이익Profits 또는 편익Benefits이 달성되었을 때 건설사업이 성공적으로 완료되었다고 볼 수 있다.

5.3 PMI 프로그램 관리 원칙과 성과영역
Principles & Performance Domains of Program Management

미국 PMI 프로그램 관리 표준서The Standard for Program, 5th에서는 프로그램 관리를 성공적으로 수행하기 위한 프로그램 관리의 8가지 원칙과 6가지 성과영역을 정의하였다.

프로그램 관리 원칙과 성과영역은 프로그램의 성공에 매우 중요한 핵심 요인이다.

1) 프로그램 관리의 8가지 원칙 8 Principles of PgM

프로그램을 효과적이고 효율적으로 관리하기 위한 핵심적인 원칙은 아래와 같다.

(1) 이해관계자 Stakeholders

이해관계자를 적극적으로 참여시켜 이해관계자의 기대치, 프로그램 편익, 조직 전략을 모두 조화롭게 이루며, 프로그램에서 기대하는 비즈니스 가치를 달성한다.

- 프로그램에 대한 영향력과 관심도를 바탕으로 이해관계자 참여
- 시너지 효과를 통해 얻은 편익을 활용하고, 이해관계자의 갈등으로 인한 방해 완화
- 프로그램 생애주기와 목표 맥락 내에서 이해관계자의 피드백을 모니터링 및 조치

(2) 편익 실현 Benefits Realization

프로그램 결과를 조직 전략에 연계하여 조정하고 조직을 위한 가치를 창출한다.

- 조직의 전략에 따른 프로그램 편익 연계는 개별 구성요소의 결과보다 우선한다.
- 실현된 편익은 투자된 자원의 사용을 정당화해야 한다.
- 계획된 편익은 핵심 이해관계자와 수혜자에게 합의되어야 한다.
- 리스크는 편익 실현을 지원하기 위해 균형을 이루어야한다.
- 거버넌스 구조는 편익 실현의 성공을 위해 적절한 자원을 제공할 수 있어야 한다.
- 프로그램 결과, 성과, 편익은 운영 리스크, 자원, 교육, 결과물을 포함하여 지속적인 운영으로 전환된 다음 지속성을 추적해야 한다.

(3) 시너지 Synergy

프로그램 전반에 걸쳐 최적화를 위한 지속적 평가와 구성요소의 복잡성 및 상호 의존성을 탐색하여 개별적으로 구성요소로 달성할 수 있는 것보다 더 많은 것을 생성한다.

- 프로젝트와 프로그램관리 우수사례를 혼합한 구조적Structured Approach 또는 애자일 접근방식Agile approach(유연성과 협업으로 고객 만족을 높이는 방식)을 사용하여 프로그램이 개별 구성요소에서 가능한 것보다 더 많은 것을 달성할 수 있도록 한다.
- 새로운 구성요소의 생성, 구성요소의 취소, 구성요소 중간에 변경 등 포함하여 프로그램 전체를 최적화하는 방식으로 개별구성요소에 대한 변경을 추진한다.
- 프로젝트와 프로그램이 시너지 효과를 낼 수 있도록 올바른 조건과 적절한 문화가 조성되도록 한다.
- 프로그램 전반에 걸쳐 최적화를 위해 구성요소 복잡성은 지속적으로 평가하고 탐색한다.
- 목표 실현을 최적화하기 위해 프로그램 구성요소를 프로그램 관리계획, 역량, 성과도메인 노력에 맞춰 정렬한다.

(4) 팀들의 팀 Team of Teams

팀들의 팀은 결과물과 프로세스 전반에 걸쳐 네트워크 관계를 형성하는 통합된 팀 구조의 특징이다. 수직·수평으로 연결된 팀 네트워크는 공유전략의 결합과 복잡성과 불확실성에 직면한 적응성과 탄력성을 가능하게 하는 구조를 생성한다.

- 프로그램과 그 구성요소를 효과적이고 효율적으로 관리하기 위해 적절한 리더십 스타일, 기술, 네트워킹 도구를 활용한다.
- 팀 리더는 팀들의 팀의 규모는 합리적 범위내에서 유지되어야 한다.

(5) 변경 Change

프로그램 생애주기 동안과 조직의 운영으로 전환된 후에도 편익 실현, 인도, 유지보수의 효율성과 효과성을 개선하기 위해 프로그램 변경을 관리한다.

- 프로그램 관리팀, 프로그램 및 해당 구성요소가 프로그램 편익의 제공, 실현, 통합 및 전환하는 프로그램 역량에 영향을 미칠 수 있는 내부·외부 요소에 대응할 수 있도록 구조화된 변경 접근 방식을 사용한다.
- 변경은 내부 역량이나 외부 자원에서 발생한다.
- 변경 채택은 프로그램 구성요소 전반에 걸쳐 올바른 조건과 문화를 조성한다.
- 변경은 결과지향적이여야 하며 프로그램 전략적 목표와 실현할 편익을 기준으로 평가해야 한다.
- 성공적인 변경관리를 가능하게 하는 요소는 평가, 채택, 동기부여, 이해관계자의 참여, 의사소통, 긴급성과 속도, 리스크의 수용 여부 등이 포함된다.

(6) 리더십 Leadership

프로그램 팀의 에너지와 열정에 동기를 부여하고 프로그램의 전반적인 인도 속도를 유지하고 전체 프로그램 생애주기를 걸쳐 프로그램 편익과 전략 연계를 실현한다.

- 프로그램 팀과 다른 이해관계자 모두의 관점에 대해 공감을 표시한다.
- 전체 프로그램 팀을 위한 신뢰와 일관성의 분위기를 조성한다.
- 프로그램 팀 내에서 그리고 팀과 다른 이해관계자 사이에 협상을 촉진하고 갈등을 해결한다.
- 프로그램의 수직적 지원과 수평적 조정의 일관성을 보장한다.
- 프로그램 거버넌스 실행의 강점과 관련된 프로젝트를 이끌 수 있는 자율성을 각 구성 요소의 관리자에게 부여한다.
- 코치이자 멘토인 동료 프로그램 팀원, 리더십 스타일을 상황에 맞게 조정하고 프로그램과 조직 내에서 정략적 역동성을 이해한다.

(7) 리스크 Risk

프로그램 생애주기 전반에 걸쳐 프로그램 리스크를 사전에 관리하여 전략적 목표와 연계하여 편익을 달성하고 다양한 프로그램 구성요소 전반에 걸쳐 리스크 대응 계획을 수립한다.

- 프로그램 리스크 한계값이 조직의 리스크 선호도와 일치하는지 확인한다.
- 프로그램 생애주기 전반에 걸쳐 리스크를 식별하고 평가한다.

- 벤치마킹의 실제 사용을 구현한다.
- 프로그램 구성요소의 상호 의존성을 효과적으로 관리한다.
- 프로그램 전반에 걸쳐 비즈니스 생존 가능성과 관련된 리스크를 해결한다.

(8) 거버넌스 Governance

프로그램 거버넌스는 프로그램이 적절하게 관리되도록 보장한다.

- 투명성, 책임, 책무, 지속가능성, 공정성을 확인한다.
- 정책, 감독, 통제, 통합, 의사결정을 연계한다.
- 조직과 포트폴리오의 거버넌스 실무를 준수한다.
- 의사결정을 지원하기 위해 이슈와 리스크를 관리한다.
- 임의성을 제거하고 조직 전체 표준화된 프로젝트 관리 실무를 확립하기 위해 프로그램 구성요소의 진행과정의 변경을 감독한다.
- 거버넌스는 프로그램 요구사항에 맞게 적절한 규모로 이루어져한다.

2) 프로그램 관리 6가지 성과 영역 6 Performance Domain of PgM

프로그램 관리 성과 영역이란 특정 분야 또는 주제에 대한 전문 지식이나 해결하고자 하는 문제 영역을 의미한다. 프로그램 관리 성과 영역은 전략 연계, 편익 관리, 이해관계자 참여, 거버넌스 프레임워크, 협업, 생애주기 관리로 구성된다.

(1) 전략연계 Strategic Alignment

프로그램은 조직의 전략에 부합되며 조직의 편익 실현에 부합되도록 설계된다. 이러한 목적을 달성하기 위해 조직의 전략 및 목표에 연계되는 편익을 제공하기 위해 프로그램 결과물을 식별하는 것이 전략연계 성과 영역이다.

전략연계 성과 영역의 업무 활동으로는 프로그램 비즈니스 케이스, 프로그램 헌장, 프로그램관리 계획, 환경평가, 프로그램 리스크관리 전략 등으로 구성된다.

(2) 편익관리 Benefits Management

프로그램의 계획된 편익과 의도된 결과를 명확히 정의하고, 그러한 편익과 결과에 대비하여 프로그램의 인도 역량을 모니터링하는 프로세스들이 편익관리 성과 영역이다.

편익관리 성과 영역의 업무 활동으로는 편익 식별, 편익 분석 및 기획, 편익인도,

편익이전, 편익지속 등으로 구성된다.

(3) 이해관계자 참여 Stakeholder Engagement

프로그램 이해관계자 참여 성과 영역은 이해관계자 요구를 식별하고 분석하며, 이해관계자 지원을 촉진하도록 기대사항과 의사소통을 관리하는 성과 영역이다.

이해관계자 참여 성과 영역의 업무 활동으로는 프로그램 이해관계자 식별, 이해관계자 분석, 이해관계자 참여 기획, 이해관계자 참여, 이해관계자 의사소통 등으로 구성된다.

(4) 거버넌스 프레임워크 Governance Framework

프로그램 거버넌스는 프로그램 의사결정을 가능하게 하고 의사결정을 수행하고 프로그램을 지원하기 위한 실무를 구축하며, 프로그램을 지속적으로 감독하는 성과 영역이다.

거버넌스 프레임워크 성과 영역의 업무 활동으로는 프로그램 거버넌스 실무, 프로그램 거버넌스 역할, 프로그램 거버넌스 설계 및 구현 등으로 구성된다.

(5) 협업 Collaboration

협업이란 서로 다른 부서에서 일하는 둘 이상의 사람들이 공동의 목표를 설정하고 이를 달성하기 위해 함께 일하는 방식을 의미한다.

협업 성과 영역의 업무 활동으로는 이해관계자와의 소통, 팀빌딩과 리더십, 갈등관리, 상호 의사소통 등으로 구성된다.

(6) 생애주기 관리 Life Cycle Management

생애주기 관리는 효과적인 프로그램 정의, 프로그램 인도 및 프로그램 종료를 촉진하기 위해 필요한 프로그램 활동을 관리하는 성과 영역이다.

프로그램 생애주기 업무 활동으로는 프로그램 정의, 프로그램 인도, 프로그램 종결 등으로 구성된다.

[자료 2-6]은 프로그램 관리의 8가지 원칙과 6가지 성과 영역의 관계를 제시하고 있다.

프로그램 관리 8가지 원칙 8 Principles of Program Management			
이해관계자 Stakeholders	시너지 Synergy	변경 Change	리스크 Risk
편익 실현 Benefits Realization	팀들의 팀 Team of Teams	리더십 Leadership	거버넌스 Governance

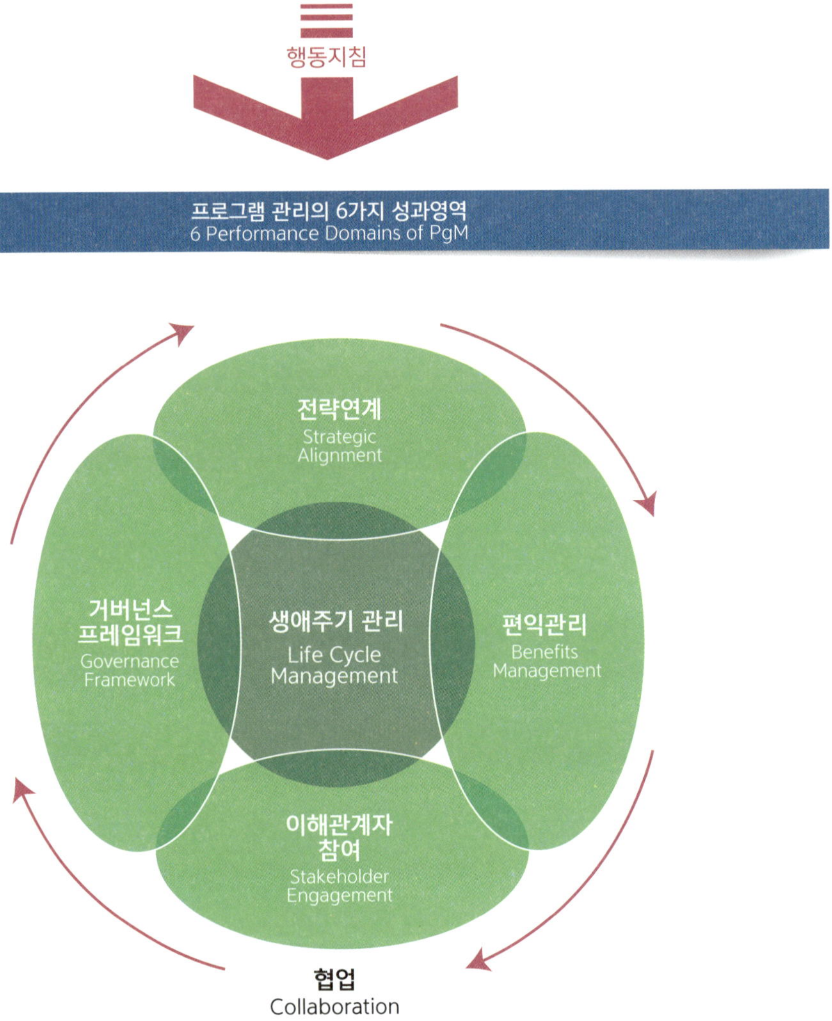

[자료 2-6] 프로그램 관리의 원칙과 성과 영역과의 관계

5.4 MSP 프로그램 관리 원칙과 주제

Principles & Themes of MSP Program Management

영국 정부에서 개발하여 Axelos사를 통해 전 세계에 보급하고 있는 프로그램 관리 지침서는 MSPManaging Successful Programmes이며 그 주요 내용은 [자료 2-7]과 같이 원칙Principles, 주제Themes, 프로세스Processes의 구조로 구성되어 있으며 원칙과 주제, 프로세스의 주요내용을 살펴보면 아래와 같다.

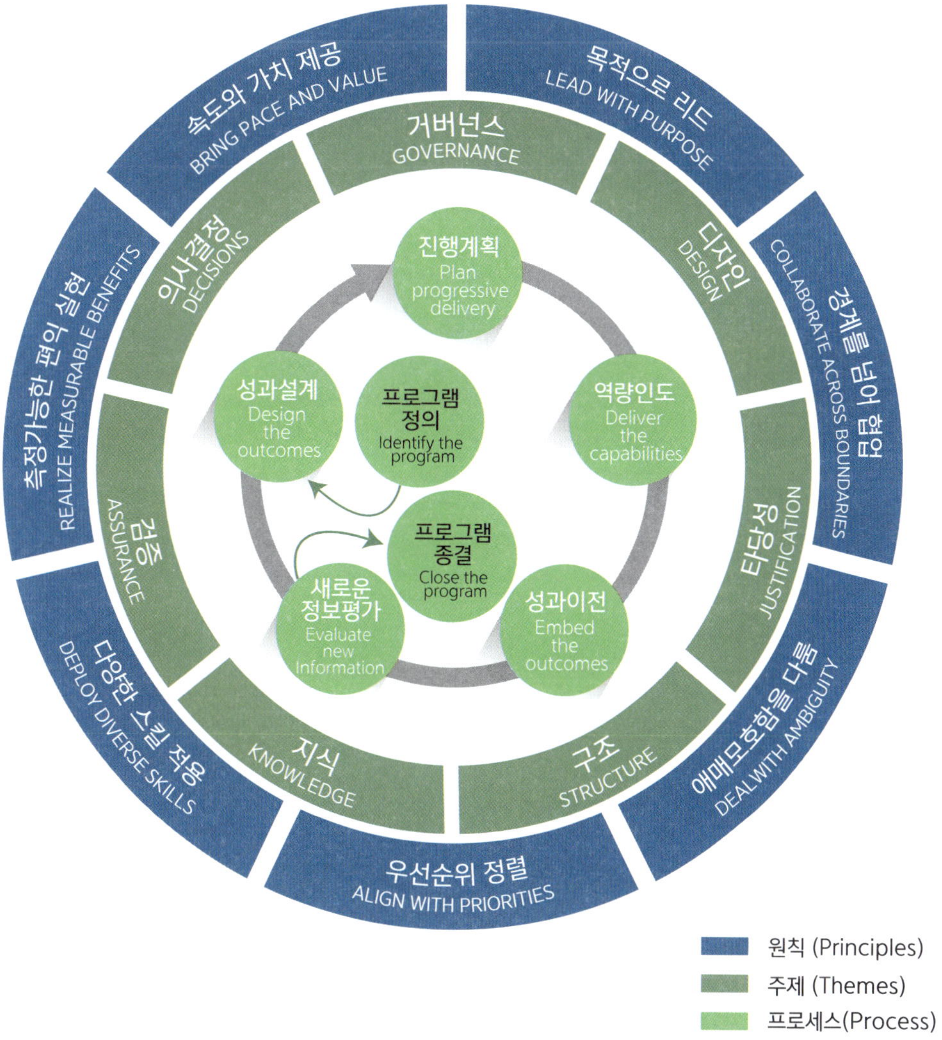

[자료 2-7] MSP의 프레임 워크

1) 원칙 Principles

- 목적으로 리드하라Lead with purpose : 원하는 결과를 구상하고 전달한다.
- 경계를 넘어 협력하라Collaborate across boundaries : 효과적인 조직 간 거버넌스를 촉진시킨다.
- 애매모호함을 다루어라Deal with ambiguity : 의사 결정과 관련된 리스크를 이해한다.
- 우선순위를 정렬하라Align with priorities : 새로운 정보와 긴급한 변화에 적응한다.
- 다양한 스킬을 적절히 적용하라Deploy diverse skills : 작업의 변화하는 요구사항을 충족시킨다.
- 측정할 수 있는 이익·편익을 실현하라Realize measurable benefits : 일관된 조직기능을 설계하고 제공한다.
- 속도와 가치를 제공하라Bring pace and value : 프로그램관리에 대한 투자를 이해관계자에게 정당화 한다.

2) 주제 Themes

- 거버넌스Govemance : 프로그램 조직 구성 및 역할과 책임관계를 명확히 하고, 이해관계자를 식별하고 참여시키는 방법, 의사소통을 계획하고 효과적으로 전달하는 방법이다.
- 디자인Design : 프로그램의 최종 상태가 명확하고, 편익Benefit과 리스크를 이해되도록 프로그램을 설계하는 방법, 목표 운영모델Target Operating Model을 만들고 현재와 미래 상태의 차이를 이해하는 방법이다.
- 타당성Justification : 자금과 자원의 투자가 돈의 가치Value for Money를 보장하는지 확인하고, 이해관계자에게 원하는 가치 혜택과 경제성 및 실현 가능성의 균형을 유지하는 방법이다.
- 구조Structure : 가장 효과적인 방법으로 관련 프로젝트 및 기타 작업을 계획하고, 조직이 미래 상태로 전환하고 혜택을 얻을 수 있도록 최상의 전달 속도를 보장하며, 인력·시설과 장비를 포함하는 자원의 선택과 투입을 최적화하는 방법이다.
- 지식Knowledge : 프로그램을 통해 지식을 획득하고 사용하는 방법, 지식과 경험을 사용하여 교훈을 배우고 지속적인 개선의 문화를 구축, 데이터 및 자료의 무결성, 버전 관리 및 엑세스 제어, 프로그램 관련 정보를 관리하는 방법이다.

- 검증Assurance : 프로그램의 위험요소를 관리하면서 목표를 달성할 수 있도록 투명성과 역량을 제공하는 보증 방법이다.
- 의사결정Decisions : 프로그램 생애주기 전반에 걸쳐 다양한 지점에서 통제된 접근방식에 의해 의사결정을 내리는 방법이다.

3) 프로세스Process는 5.5의 MSP 프로세스에 준한다.

5.5 프로그램 관리 프로세스 Program Management Process

프로그램은 프로젝트와 달리 종종 몇 년, 어떤 경우에는 수십 년에 걸쳐 오랫동안 진행되기도 한다. 프로그램의 프로세스는 프로그램을 시작하기로 한 시점 또는 프로그램에 대해 합의한 시작일로부터 프로그램 종료 결정 시 또는 공식적으로 합의한 프로그램 종료 마감일까지를 프로세스를 의미한다(ISO 21503, 2017).

프로그램관리의 프로세스를 미국 PMI와 영국의 Axelos사가 분석한 내용을 검토해 보면 아래와 같다.

1) 미국 PMI의 분석

미국 PMI는 프로그램 관리 표준서는 프로그램 관리 프로세스의 프로그램 활동Program Activities을 프로그램 생애주기 동안 프로그램을 지원하기 위해서 수행되는 작업 활동으로 규정하고 있으며 아래와 같이 구분한다.

- 프로그램 통합관리 Program Integration Management
- 프로그램 정의단계 활동 Program Definition Phase Activities
- 프로그램 인도단계 활동 Program Delivery Phase Activities
- 프로그램 종결단계 활동 Program Closure Phase Activities

(1) 프로그램 통합관리

프로그램 통합관리란 프로젝트, 하위 프로그램 및 프로그램 활동들의 계획된 프로그램 목표와 편익을 달성하기 위해 비용, 일정을 통합하고 최적화하며 각 구성요소 수준 대신 프로그램 수준의 최대 편익을 관리하는 활동으로 다음 사항들에 대한 결정을 포함한다.

- 경쟁하는 요구사항과 우선순위 Competing Demands and Priorities
- 위험과 기회 Threats and Opportunities
- 자원의 배분 Resource Allocations
- 프로그램 범위의 불확실성과 복잡성에 기인한 변화 Changes due to Uncertainty and Complexity of the Program Scope
- 구성요소 간의 상호 의존성 Interdependencies among Components
- 프로그램 목적 달성을 위한 작업의 조정 Coordination of Work to meet the Program Objectives

(2) 프로그램 정의 단계 활동

프로그램 정의단계는 프로그램의 비즈니스 가치를 확인하고 확립하며 인도를 위한 세부 계획을 개발하는 단계로 아래의 두 가지 활동으로 구분한다.

- 프로그램 구상 Program Formulation
- 프로그램 기획 Program Planning

(3) 프로그램 인도 단계 활동

프로그램 인도 단계의 활동이란 프로그램의 실질적 인도를 조정하고 관리하는 것으로서 프로그램 생애주기를 통한 활동과 과정을 지원하며 아래 11가지로 구분한다.

- 프로그램 통합 관리 Integration Management
- 프로그램 변경 관리 Change Management
- 프로그램 의사소통 관리 Communication Management
- 프로그램 재무 관리 Financial Management
- 프로그램 정보 관리 Information Management
- 프로그램 구매 관리 Procurement Management
- 프로그램 품질 관리 Quality Management
- 프로그램 자원 관리 Resource Management
- 프로그램 리스크관리 Risk Management
- 프로그램 일정 관리 Schedule Management
- 프로그램 범위 관리 Scope Management

(4) 프로그램 종결 단계 활동

프로그램 종결단계의 활동이란 프로그램 구성요소들이 모든 산출물을 제공하고 프로그램이 의도한 편익을 제공하는 것으로서 아래 5가지로 구분한다.

- 프로그램 재무 종결 Program Financial Closure
- 프로그램 정보저장 및 전환 Program Information Archiving and Transition
- 프로그램 구매 종결 Program Procurement Closure
- 프로그램 자원 전환 Program Resource Transition
- 프로그램 리스크 관리 전환 Program Risk Management Transition

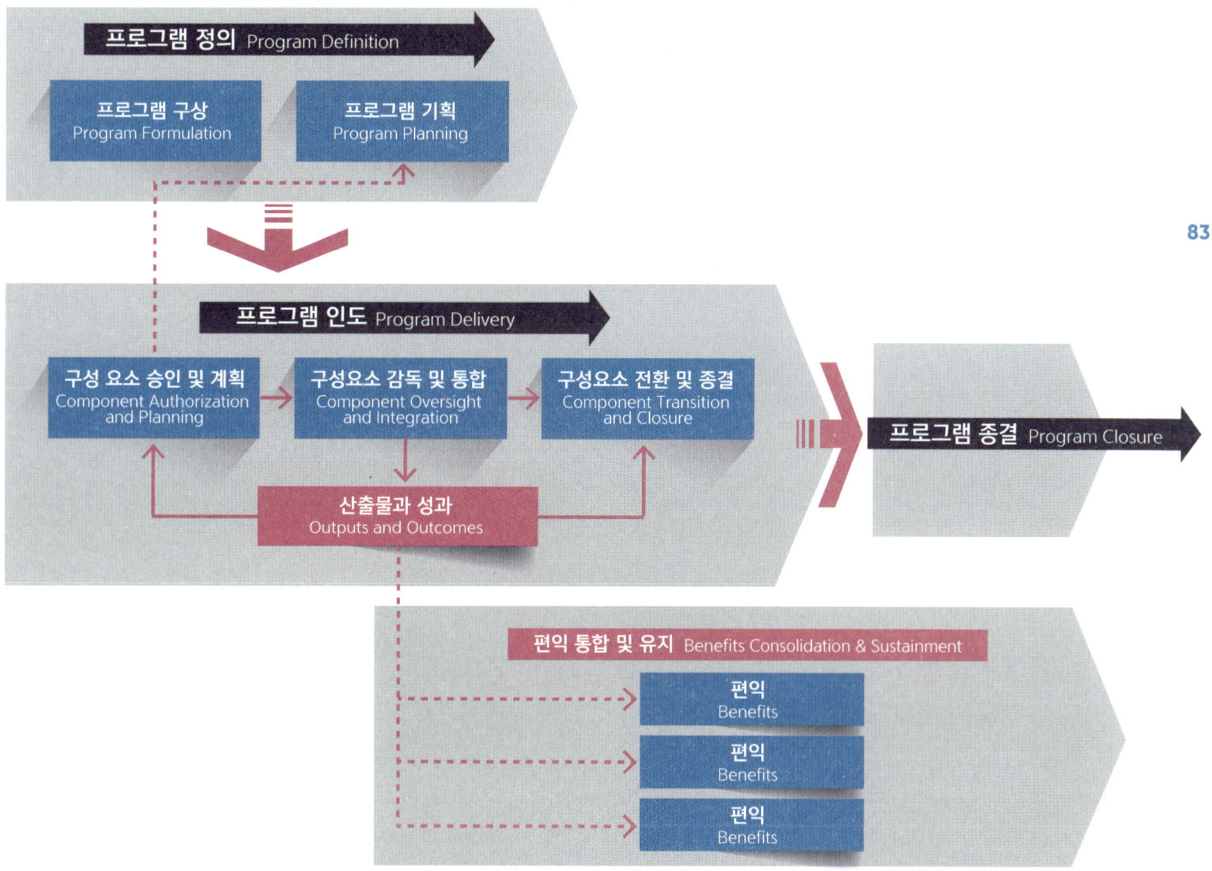

[자료 2-8] 프로그램 관리 프로세스(Program Management Life Cycle)

2) 영국 Axelos의 MSP 분석

영국의 Axelos(2020)는 프로그램 프로세스를 프로그램 정의Identify the Programme, 성과 설계Design the Outcomes, 진행계획Plan Progressive Delivery, 역량 인도Deliver the Capabilities, 성과 이전Embed the Outcomes, 새로운 정보평가Evaluate New Information, 프로그램 종결Close the Programme 단계로 구분한다.

(1) 프로그램 정의 Identify the Programme

프로그램에 대한 정당성 및 타당성을 분석하여 투자조직의 전체 전략과 일치하고 가치 있는 투자를 제공할 가능성이 있는지 확인한다.

(2) 성과 설계 Design the Outcomes

프로그램을 자세히 계획하기 전에 프로그램의 비전, 이점, 위험 및 현재 상태와 미래 상태 간의 차이를 포함하여 목표 운영모델을 수립한다.

(3) 진행계획 Plan Progressive Delivery

필요한 기능을 달성하고 이점을 실현하기 위한 프로그램의 상세 계획수립과 단계 Tranches of delivery and Landing points를 정의한다.

(4) 역량 인도 Deliver the Capabilities

프로그램 진행을 감독하고, 수정조치를 취하여 관련 프로젝트 및 기타 작업을 적절하게 수행한다.

(5) 성과 이전 Embed the Outcomes

투자조직이 새로운 작업방식을 채택하고, 편익 실현에 대한 변경 수행, 운영조직으로의 전환 활동, 특히 이해관계자 참여와 관련된 활동뿐만 아니라 개별 프로젝트의 수행 결과의 이전을 포함한다.

(6) 새로운 정보평가 Evaluate New Information

고품질의 최신 정보와 의사결정 지원 정보를 제공한다.

(7) 프로그램 종결 Close the Programme

제어된 방식으로 프로그램을 종료함으로써 투자조직이 실현되는 이익을 극대화할 준비가 되었음을 보장한다.

3) 미국 CMAA 분석

미국 CMAA(2021)는 프로그램의 프로세스는 프로그램 개발 단계Program Development Phase, 설계단계Design Phase, 조달단계Procurement Phase, 시공단계Construction Phase, 시공이후 단계Post-Construction Phase의 5단계로 구분하고 있으며 그 세부 내용은 아래와 같다.

(1) 프로그램 개발 단계 Program Development Phase

프로그램 팀을 구성하고 프로그램 관리계획Program Management Plan을 마련하고 프로그램 관리사무소PMO 및 프로그램 관리 정보 시스템PMIS을 개발하는 것이다.

- 프로그램 관리팀 Program Management Team
- 프로그램 관리계획 Program Management Plan, PMP
- 프로그램 관리 오피스 Program Management Office, PMO
- 프로그램 관리 정보시스템 Program Management Information System, PMIS
- 프로그램 범위 정의 Program Scope Definition
- 프로그램 평가 Program Evaluation

(2) 설계 단계 Design Phase

설계기준과 설계 계약 패키지, 설계 방향을 수립하고 모든 프로그램 구성요소가 발생할 수 있는 변경 사항을 포함한 개별 프로젝트를 통합적으로 계획하는 것이다.

- 설계조직 구조 Design Organization Structure
- 설계기준 Design Criteria
- 설계 개발 Design Development
- 건설 계약 패키지 Construction Contract Packaging
- 발주자 구매 자재 및 장비 Owner-Purchased Materials and Equipment
- 품질 관리 Quality Management

- 비용 관리 Cost Management
- 일정 관리 Time Management

(3) 조달 단계 Procurement Phase

입찰공고, 제안서 평가, 계약 협상 및 체결 등을 포함한다.

- 구매 범위 Procurement Scope
- 구매 전략 Procurement Strategy
- 구매에서의 PM의 역할 PM Role in Procurement
- 시장 분석 및 입찰 기회 의사소통 Market Analysis/Bid Opportunity Communications
- 일정과 문서 관리 Schedule and Document Management

(4) 시공 단계 Construction Phase

개별 프로젝트를 포함하여 시공 활동을 관리하고 모니터링 및 통제한다.

- 현장 시설의 제공 Provision of On-Site Facilities
- 협업 및 의사소통 Coordination and Communications
- 프로그램 진행 미팅 Program Progress Meetings
- 일정 관리 Time Management
- 예산 및 비용 모니터링 Budget and Cost Monitoring
- 자금/현금흐름 Funding/Cash Flow
- 변경 주문 Change Orders
- 클레임 관리 Claim Management
- 품질 관리 Quality Management
- 기록 도면 Record Drawings
- 문서 관리 Document Control
- 경영 보고 Management Reporting

(5) 시공 이후 단계 Post Construction Phase

계약상 목적물을 완성하고 프로젝트와 프로그램의 인터페이스 관리, 인도, 행정적 종료를 수행한다.

- 프로그램 종결 Program Completion
- 프로그램 프로젝트 인터페이스 Program Projects Interface
- 유지관리 Operation and Maintenance Management
- 인수인계 Turnover, 가동 및 시운전 Activation or Start-Up
- 시설관리 Facility Management
- 행정적 종료 Administrative Close-Out

chapter 06

CM, PM PgM의 비교

제 6 장

CM, PM
PgM의 비교

CM(Construction Management), PM(Project Management),
PgM(Program Management)의 정의, 업무 내용, 프로세스 등은
제3장 건설사업관리, 제4장 프로젝트 관리, 제5장 프로그램 관리에서
상세하게 분석하여 설명하였다.

6.1 CM, PM, PgM의 차이점

「건설산업기본법」과 「건설기술진흥법」에는 CM, PM, PgM의 개념과 업무 범위를 명확하게 식별하기 어렵게 되어 있다. 따라서 관련법 등의 개정을 통하여 사업관리의 개념을 확립하여 건설엔지니어링 분야의 환경을 개선해야 한다.

국내의 관련법, 해외 사업관리 전문 단체 및 기관의 자료 분석 등을 통하여 CM, PM, PgM의 업무 범위와 차이점을 [표 2-1] 과 같이 제시한다.

구 분		기획	설계	시공	유지관리	비 고
프로그램 관리(PgM)[7]		다수의 복합사업				공항, 고속철도 등 다수의 프로젝트, 사업특성에 적합한 특별법 제정[8]
프로젝트 관리(PM)[9]		단일 프로젝트				국내 관련 법적 근거는 없음
건설사업관리(CM)	「건설산업기본법」	단일 프로젝트				현행 법령에서는 건설사업관리로 규정하고 있음[10]
	통념적 적용 (「건축법」,「주택법」, 「건축사법」)			단일 프로젝트		국내에서 일반적으로 적용되는 CM 또는 감리

[표 2-1] CM, PM, PgM의 업무범위와 차이점

6.2 CM, PM, PgM의 단계별 업무 사례 분석

건설사업관리의 단계별 업무 내용은 프로젝트의 규모, 용도, 환경 등의 특성에 따라 계획 예산, 사업 기간, 품질 수준 등이 발주자의 요구사항에 따라 가변성을 지니기 때문에 일정한 표준 모델Standard Model을 제시할 수는 없다.

그러나 제2부 건설사업관리에서 검토 분석한 국내 관련법 등과 외국 전문기관의 자료에서 제시하고 있는 건설사업관리 핵심 요소들의 합집합을 기준으로 CM, PM, PgM의 단계별 업무 내용을 [표 2-2] 와 같이 제시한다.

7) 프로그램 관리(Program Management, PgM)는 미국 PMI의 2024년에 발행한 *The Standard for Program Management(5판)*, 미국 Construction Management Association of America(CMAA)에서 2021년 발행한 *Standards of Practice (SOP)*, 그리고 영국 Axelos의 *Managing Successful Programmes(MSP)*에서 정의하고 있다.
8) 프로그램 관리는 「가덕도신공항 건설을 위한 특별법」 제9조의2(종합적 사업관리)라는 용어로 반영되었다. 신공항건설사업을 효율적으로 수행하기 위하여 필요한 경우에는 다수의 건설공사를 통합하여 건설사업관리에 대한 '종합적 사업관리 용역'으로 발주할 수 있다(2023. 12. 26. 개정).
9) 프로젝트 관리(Project Management)는 미국 PMI의 2021년 발행한 *A Guide to the Project Management Body of Knowledge(PMBOK® Guide) and The Standard for Project Management 7판*, 미국 CMAA의 *SOP*, 그리고 영국 Axelos의 PRINCE2(6판)에서 정의하고 있다.
10) 현행 법령은 프로젝트의 전 생애주기에 걸쳐 건설사업관리로 규정하고 있으나, 통념적으로는 시공단계에 주로 적용하고 있다.

프로세스	업무 범위	CM	PM	PgM
기획	프로그램/ 프로젝트 수행계획서 수립		◆	★
	프로그램/ 프로젝트 절차서 작성		◆	★
	사업 타당성 검토		◆	★
	사업 예산 수립		◆	★
	사업 일정 수립		◆	★
	품질관리계획 수립		◆	★
	안전보건환경계획 수립		◆	★
	재해방지계획 수립		◆	★
	PMIS 계획 수립			★
설계	설계도서 검토	★	★	★
	가치공학	★	★	★
	시공성 검토	★	★	★
	유지관리성 검토		★	★
	사업예산 산정		★	★
	사업일정 산정		★	★
입찰/계약	발주문서 작성		★	★
	입찰공고		★	★
	입찰		★	★
	심사 및 평가		★	★
	낙찰 및 계약		★	★
시공	공사계획 수립	★	★	★
	공정관리	★	★	★
	안전관리	★	★	★
	품질관리	★	★	★
	원가관리	★	★	★
	공사계약 변경관리	★	★	★
	클레임 관리	★	★	★
	의사소통 관리	★	★	★
	리스크 관리	★	★	★
	사용 승인 준공 업무	★	★	★
시공후	유지관리 매뉴얼 작성	★	★	★
	문서 이관	★	★	★
	유지관리 전략 수립			★
	운영 전략 수립			★

◆ 발주자 선택사항 ★ 필수사항

[표 2-2] CM, PM, PgM의 단계별 업무분석 (Case Study)

6.3 시사점

이상에서 살펴본 바와 같이, CM, PM, PgM의 주요한 차이점은 사업 규모, 복잡성 및 업무 범위에 따라 결정된다.

CM은 「건설기술진흥법상」에서 제도적 여건을 마련했음에도 불구하고 건설사업관리 전문성 부족, 고령화, 지나치게 낮은 건설사업관리 대가 등으로 인해 현장에서 제대로 작동하지 않고 있다. 「건설산업기본법」상 건설사업관리에 대한 업무는 건설공사의 기획부터 설계, 시공, 사후관리까지 전 과정을 아우르는 업무를 포함하고 있지만, 현실은 시공 단계의 단순한 관리 업무의 한계를 벗어나지 못하고 있어 건설프로젝트의 고부가가치 향상을 위해 PM 도입이 필요한 상황이다.

또한, 최근 신공항 등 고난도 대형 사업들이 추진되면서, 기존 건설사업관리 외에도 다수의 사업들을 통일성 있게 관리하는 PgM의 역할이 필요하다. 그러나 이를 도입할 법적 근거가 없다. 주한미군기지 평택이전사업, 행정중심복합도시 건설사업, 새만금 개발사업, 인천국제공항 건설사업 등에서는 전체 사업을 전략적 목표와 주어진 기간과 예산 범위 내에서 성공적으로 수행하기 위해서 PgM을 도입한 것과 같이 앞으로도 대규모 복합프로젝트 관리를 위해서는 PgM 도입이 절실하다.

chapter 07

건설사업관리의 계약방식

제 7 장

건설사업관리의 계약방식

7.1 건설사업관리의 계약 방식

건설사업관리 계약방식은 프로젝트의 규모와 발주자의 역량에 따라 다양하게 구분할 수 있지만, 일반적으로 크게 두 가지로 구분한다. [자료 2-9], [자료 2-10] 참조

1) 용역형 사업관리 방식 CM/PM/PgM for Fee

발주자의 대리인으로서 발주자에게 관리 기술을 제공하고 위탁 수수료를 받는 순수 서비스 형태를 말한다.

(1) 계약구조

용역형 사업관리 방식은 발주자에게 서비스를 제공하고 그에 상응하는 용역비를 받는 자문 혹은 대행인Agency으로서 역할을 수행한다. 또한, 용역형 사업관리 방식은 발주자의 대리인으로서 참여하는 계약 형태로 용역서비스에 대한 대가Fee를 받는 사업관리 형태이다. 이때 사업관리자는 계약자(보통의 경우 시공자)나 설계자와는 직접적인 계약 관계가 없다. 따라서 공사 결과 즉, 공사비용, 기간, 품질 등에 대한 책임을 지지 않고 궁극적인 의사결정과 그에 따른 최종 책임은 발주자의 몫이 된다. 이러한 용역형 사업관리 방식은 다음의 계약구조로 형성된다. [자료 2-9] 참조

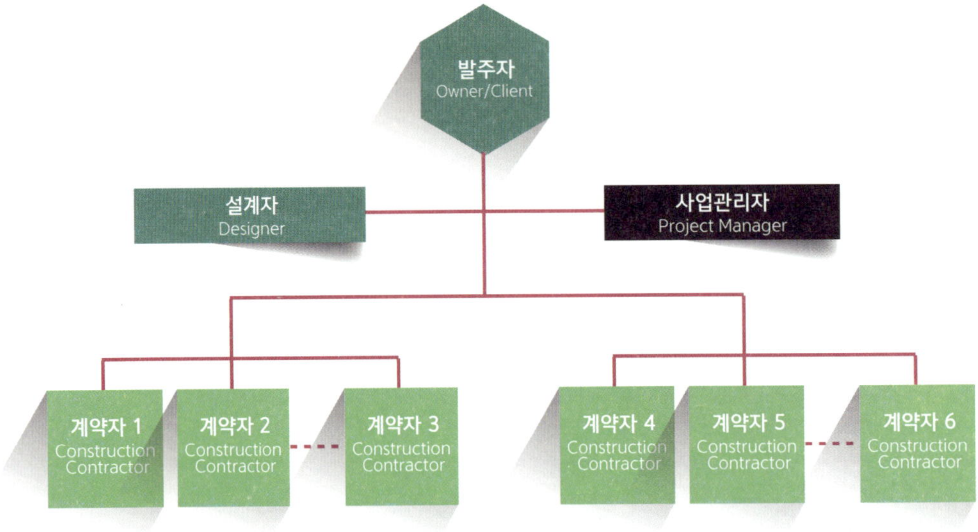

[자료 2-9] 용역형 사업관리 방식의 계약 형태

(2) 계약 특징

일반적으로 용역형 사업관리 방식의 특징은 다음과 같다.

- 사업관리자가 발주자를 대신하여 사업관리 담당
- 발주자 조직의 슬림화 가능
- 사업관리자가 설계관리로 원가절감 및 공사 기간 단축 가능
- 사업관리자에 감리 업무가 포함되어 있는 경우 사업비 절감 가능
- 계약자에 의한 전형적인 이의제기Typical claim를 제거 가능
- 사업계획수립, 타당성분석, 설계 및 시공의 조정 및 통제 가능
- 사업관리자는 업무에 대한 대가로 받는 수수료는 총공사비의 약 2~8%
- 시공에 대한 리스크는 발주자가 부담
- 프로젝트의 성공 여부는 사업관리자의 경험이나 능력, 권한의 위임 등에 좌우

2) 시공책임형 사업관리 방식 CM/PM/PgM at Risk

계약자가 시공 이전부터 참여하여 시공 노하우를 설계에 미리 반영하여 시공과 사업관리를 병행하여 수행하는 형태를 말한다.

(1) 계약구조

시공책임형 사업관리 방식은 종합공사를 시공하는 업종을 등록한 건설사업자가 건설공사에 대하여 시공 이전 단계에서 건설사업관리 업무를 수행하고 아울러 시공 단계에서 발주자와 시공 및 건설사업관리에 대한 별도의 계약을 통하여 종합적인 계획, 관리 및 조정을 하면서 미리 정한 공사 금액과 공사기간 내에 시설물을 시공하는 것을 말한다(「건설산업기본법」 제2조 제9호).

사업관리자는 설계가 일정 수준에 이를 때까지 일정한 대가를 받으며 용역업무를 수행하다가 공사비 60~70% 확정할 수 있는 시점에 시공 계약을 체결한다.[11)]

이후로는 사업관리자는 계약자 성격으로 변화하며, 공사비와 공기에 대한 계약적 책임을 갖는다. 이러한 시공 책임형 사업관리 방식은 아래의 계약구조로 형성된다. [자료 2-10] 참조

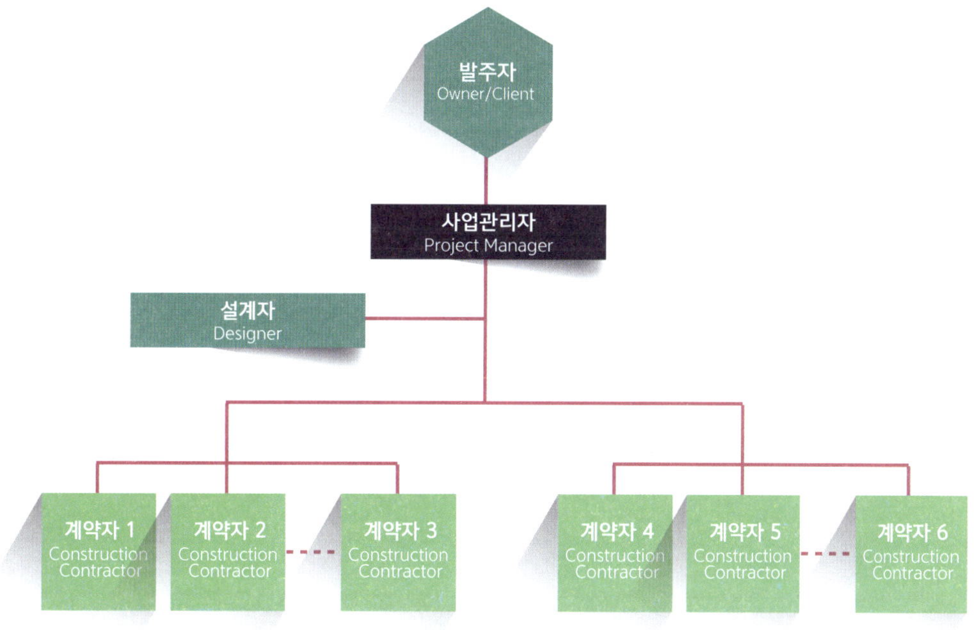

[자료 2-10] 시공책임형 사업관리 방식의 계약 형태

11) 대한경제, (뉴스포커스) 시공책임형 CM 집행 2년…업계가 제기하는 문제점은, 2018.11.29.

(2) 계약 특징

일반적인 시공책임형 사업관리 방식의 특징은 다음과 같다.

- 초기 단계에 사업관리자는 설계자와 팀워크Teamwork 형성
- 설계자는 책임형 사업관리자의 관리하에 설계를 수행
- 사업관리자의 업무는 발주자로부터 위탁 받은 모든 업무를 수행
- 사업관리자가 프로젝트 결과의 리스크에 대한 책임
- 특정공사에 대한 시공 경험이 요구될 때 선택할 수 있는 효과적인 계약 방식
- 계약자에 대한 발주자의 견제 능력 약화 우려

- 계약방식은 아래사항을 고려할 수 있다.
  - GMPGuaranteed Maximum Price 방식 : 사업관리자가 프로젝트 예산을 초과하지 않도록 보장하는 방식
  - Profit Sharing 방식 : 발주자와 사업관리자간 프로젝트 완료 후, 이익을 공유하는 계약 방식
  - Open Book Policy 방식 : 사업관리자가 발주자에게 재무정보를 투명하게 공개하는 계약 방식

3) 용역형 사업관리 방식과 책임형 사업관리 방식의 비교

상기에 살펴본 바와 같이, 용역형 사업관리 방식과 시공책임형 사업관리 방식은 발주자와의 계약 방식과 사업관리자의 역할에 따라 차이가 있다. [표 2-3] 은 용역형 사업관리 방식과 책임형 사업관리 방식을 비교한 것이다.

구분	용역형 사업관리 방식	시공책임형 사업관리 방식
계약 형태	• 발주자가 사업관리자와 대리인 형태의 계약을 맺고 사업관리자는 발주자를 대신해 공사를 관리하는 순수한 형태의 계약	• 계약자는 시공 이전 단계에서 건설사업관리 업무를 수행하고, 시공단계에서 발주자와 사업관리자가 시공계약을 체결하는 형태의 계약
업무	• 발주자의 능력을 보완해 준다는 차원에서 사업계획수립, 타당성분석, 설계 및 시공의 조정 및 통제 역할	• 사업관리자는 발주자와 합의된 계약 조건 하에서 사공자 역할을 포함한 업무를 수행
보수	• 사업관리의 업무에 대한 대가로 총공사비의 2~8%의 보수	• 사업관리자는 이윤과 리스크를 동시 추구
책임	• 발주자가 공사 결과에 대한 리스크를 부담	• 사업관리자가 공사 결과에 대한 리스크를 부담
특징	• 자격 미달의 사업관리자가 선정될 경우, 건설사업의 실패 가능성 증가 • 공사 시작에서 종료까지 효과적인 리스크 관리를 수행하여 발주자의 이익을 추구 • 발주자는 사업관리의 활동을 통하여 계약자에 대한 클레임을 예방 가능	• 특정공사에 대한 시공 경험이 요구될 때 효과적인 방식이나 계약자에 대한 발주자의 견제 능력이 약화 우려 • 발주자의 리스크 감소 • 설계·시공 연계 및 통합

[표 2-3] 용역형 사업관리 방식과 시공책임형 사업관리 방식의 비교

상기 표에서 보는 바와 같이, 용역형 사업관리 방식과 시공책임형 사업관리 방식에서 그 계약이 갖는 특성에 의해 차이점이 존재함을 알 수 있다. 예를 들어 시공책임형 사업관리 방식은 용역형 사업관리방식에 비해 시공자 선정에 필요한 입·낙찰 절차를 간소화할 수 있고, 시공에 대한 책임을 사업관리자가 부담하게 되므로 발주자의 리스크를 경감시킬 수 있다. 또한 계약자로서의 시공책임형 사업관리가 공사 초기 단계에 참여하므로 설계시공 병행 방식을 더욱 적극적으로 적용할 수 있어 사업기간 단축의 기회를 한층 높일 수 있다.

그러나 시공책임형 사업관리방식은 결국 계약자의 태도를 보이게 되므로 발주자를 위한 서비스가 최우선 목표가 되기보다는 사업자 자신의 이윤 추구가 앞서게 될 가능성이 크므로 발주자와 시공책임형 사업관리자 간의 신뢰가 무엇보다 중요하다.

7.2 건설사업관리의 유사 용어

건설사업관리 분야에서 사용하는 용어는 CM, PM, PgM 이외에도 감리Construction Supervision, PMCProgram/Project Management Consultancy, PMOProgram/Project Management Office가 있으며, 이러한 용어들이 건설사업관리 분야에서 혼용하여 사용되고 있다.

1) 감리 Construction Supervision

감리는 「주택법」, 「건축법」, 「건축사법」 등에 근거하여 건설공사가 관계 법령이나 기준, 설계도서 또는 그 밖의 관련 서류 등에 따라 적절하게 시행될 수 있도록 관리하거나, 시공관리, 품질관리, 안전관리 등에 관한 기술 지도를 시공 단계에서 수행하는 건설사업관리 업무를 말한다.

2) PMC Program/Project Management Consultancy

PMC는 프로젝트와 프로그램이 조직의 전략 구현과 비즈니스 결과를 달성할 수 있도록 발주자가 고용하는 전문 분야에 대한 지식과 경험을 갖춘 전문 컨설팅 회사 또는 조직을 말하며 건설사업관리 회사와 유사한 개념이다.

3) PMO Project/Program Management Office

PMO는 발주자 조직 내에서 프로젝트 또는 프로그램을 관장하고 조정하며 관리하고 지원하는 부서를 말하며, PMO는 필요에 따라 PMC 또는 건설사업관리 회사를 포함하여 사업관리를 수행하는 조직 또는 주체를 의미한다.

chapter 08

건설사업관리자의 역량과 가치 실현

제 8 장
건설사업관리자의 역량과 가치 실현

8.1 건설사업관리자의 역량

건설사업관리자의 능력Capability과 역량Competency은 같은 것일까?

능력과 역량의 어원적 개념을 살펴보면 서로의 차이점을 더욱 잘 이해할 수 있다. 능력을 의미하는 영어 단어 'Capability'는 'Capacity'와 'Ability'가 결합한 것이다. 앞 음절 'Capa-' 는 'Capacity'의 준말로, '보유', '용량', '수용력'이라는 뜻이고, 'Ability'는 '~을 할 수 있음', '할 수 있는 것'으로 그 자체가 능력을 의미한다. 이를 합치면 '무엇을 할 수 있는 힘'이다. 이에 비해 역량을 뜻하는 영어 단어 'Competency'는 'Compete' '경쟁하다'에서 파생되었다. 경쟁력이 있다는 것을 의미하는 것이라 짐작할 수 있다.

따라서 능력Capability은 ~을 할 수 있는 수용력이고, 역량Competency은 ~을 성취할 수 있는 경쟁력이다.

건설사업관리자로서 능력Capability은 어떤 직무를 수행하기 위해 갖춰야 할 지식, 스킬, 직무 경험, 자격 요건 등을 말한다. 이미 갖추고 있어야 하므로 '보유'라는 수식어가 붙어 '보유 능력'이라고 칭한다. 능력이 있는지 없는지는 건설관련학과를 졸업했는지, 건축 관련 기술사 및 기사 자격증 등을 보유하고 있는지, 건설분야에서 사업관리 경험을 했는지로 가늠할 수 있다. 하지만 역량Competency은 능력과 달리 '발휘'라는 말이 붙는다. 역량은 개인이 업무를 수행하면서 높은 성과Performance를 올리기 위해 안정적으로 발휘되는 행동 특성을 의미하기 때문이다. 역량은 우연히 또는 일회성으로 나타나는 결과가 아닌 반복적·지속적으로 발휘되는 성과와 관련된 행동 특성을 의미한다.

건설사업관리자로서 능력은 이미 갖춰진 학력 및 자격 등 요건을 의미하며, 역량이란 실무에서 관계를 구축하고 의사소통하며 문제를 해결하여 성과를 달성할 수 있는 인재를 의미한다. 따라서 건설사업관리자는 기본적인 능력뿐 아니라 실무에서 성과에 결정적인 영향을 미치는 역량이 뒷받침되어야만 한다.

역량 없이 능력만 있으면 원하는 성과로 이어지기 어려울 뿐만 아니라, 아무리 뛰어난 능력을 갖추고 있다고 해도 역량이 결여된다면 건설사업을 성공적으로 수행하는데 어려움이 있다.

'건설 엔지니어링 업계의 글로벌 경쟁력 강화방안'(서울대학교 건설환경종합 연구소)에 따르면 건설사업관리를 수행하는데 필요한 역량은 소프트 역량Soft Skills과 하드 역량Hard Skills으로 구분할 수 있다.

1) 소프트 역량 Soft Skills

국내·외 건설산업 환경에서 프로젝트를 성공적으로 수행하기 위해 건설사업 관리자에게 요구되는 소프트 역량은 다섯 가지로 분류한다. 하지만 이에 국한되지 않는다.

(1) 전략 연계 Strategic Alignment

건설사업관리자는 프로젝트 또는 조직의 목표와 전략을 일치시킬 수 있어야 한다. 이는 조직 내의 다양한 부서, 기능 및 프로세스 간에 조화롭게 협력하고 조정하여 조직 전체의 성과를 향상시키는 것을 목표로 한다. 이를 위해서는 관련 조직과 정보를 공유하고 조직 내의 다양한 프로세스를 통합하고 효율적으로 조정할 수 있어야 한다. 이를 통해 업무의 중복을 최소화하고 프로세스 간의 동반 상승을 창출할 수 있다.

(2) 자원 최적화 Resource Optimization

건설사업관리자는 조직의 자원(인력, 장비, 예산 등)을 최적으로 활용하는 역량을 갖추어야 한다. 자원 최적화는 조직 내의 자원을 적절하게 할당하고 자원의 우선 순위를 판단하고 필요한 곳에 적절하게 배분함으로써 자원을 효율적으로 운영하는 것을 말한다.

이를 통해 조직 전체의 목표를 일관되게 추진하며, 효율적인 협력과 자원 활용을 실현할 수 있다.

(3) 리스크 관리 Risk Management

건설사업에서의 리스크 관리는 프로젝트 수행 중에 발생할 수 있는 잠재적인 위험을 식별, 분석, 평가 및 관리하는 과정을 의미한다. 이를 통해 프로젝트의 성공을 위협하는 요인을 사전에 파악하고 대비책을 마련하여 프로젝트의 성과를 최대화할 수 있다. 건설사업에서의 리스크 관리는 프로젝트의 성공을 위해 필수적인 활동이다.

이를 통해 프로젝트팀은 위험을 사전에 인지하고 대비책을 마련하여 프로젝트의 일정, 비용, 품질 등을 효과적으로 관리할 수 있다.

(4) 의사소통 및 협업 Communication and Collaboration

건설사업 추진 간 의사소통 및 협업은 팀원들 간에 정보를 공유하고 의견을 교환하는 과정을 의미한다. 이는 프로젝트의 성공에 매우 중요한 역할을 한다. 효과적인 의사소통을 위해서는 회의 결과를 문서화하고 프로젝트 관리 도구를 활용하여 팀원들 간의 원활한 협업을 할 수 있다. 최근에는 온라인 협업 플랫폼을 활용하여 실시간 문서를 공유하고 수정하여 멀리 떨어진 팀원들과 함께 작업을 할 수 있다.

(5) 문제해결 능력 Problem Solving

건설사업에서 문제해결 능력은 프로젝트에서 발생하는 문제를 식별하고 해결하는 능력을 의미한다. 효과적인 문제해결을 위해서는 문제의 원인을 파악하고 효과적인 해결 방법을 찾기 위해 문제를 분석하는 것이 중요하다. 또한 다양한 관점에서 문제를 바라보고 창의적인 해결책을 모색해야 한다. 브레인스토밍과 같은 방법을 활용하여 새로운 아이디어를 도출하고, 팀원들과의 협업을 통해서 빠른 문제해결을 도울 수 있다.

2) 하드 역량 Hard Skills

건설사업관리자는 소프트 역량Soft Skills을 개발하고 실무에서 활용하기 위해서 프로세스 수행 단계별 구체적인 하드 역량Hard Skills인 전문 기술을 배양한다면 성과를 향상시키고 조직의 경쟁력을 강화하며 프로젝트의 문제해결 능력을 촉진할 수 있다.

다음은 프로젝트 수행 단계별 건설사업관리자에게 요구되는 하드 역량을 12가지로 분류한다. 하지만 이에 국한되지 않는다.

(1) 시장분석 및 전망 분석 기술 Market Insight and Foresight Analysis Technology

- 세계 경제 분석 및 전망
- 관심 국가의 경제와 사회 분석 및 전망
- 관심 국가의 정책 및 리스크 분석
- 기반시설 보유량 분석 및 수요 전망 등

(2) 프로젝트 설계 기술 Project Design Technology

- 해당 국가의 국토 기반 시설 심층 분석
- 지역별 수요 예측
- 인프라 투자우선순위 전망
- 엔지니어링 개념 및 기본설계
- 개념 설계 및 개념 설계 시뮬레이션 기술
- 개략 견적 및 개념 설계 유형별 투자비 시뮬레이션 기술
- 투자 대비 가격의 타당성 분석 및 F/S 시뮬레이션 등

(3) 수익성 설계 기술 Profit Design Technology

- 사업 구도 및 사업 모델 설계
- 자국화 및 기술 전수 전략 수립
- 역할 분담 모델 개발
- 모델별 수익성 시뮬레이션 등

(4) 프로젝트 금융 설계 기술 Project Financing Design Technology

- 프로젝트 모델별 투자 대비 자금회수 시뮬레이션 프로그램
- 프로젝트 모델별 금융 조달 설계
- 투자기관 대상 설명회 프로그램 기획 및 개발
- 프로젝트 금융 약정 전문기술
- 프로젝트 금융 관리
- 투자비 리스크관리 등

(5) 프로젝트 전략 및 기획 기술 Poject Strategy and Planning Technology

- 프로젝트 수행 전략 기획 및 수립

- 리더십 및 의사소통 시스템 구축 및 운용 기술
- 프로젝트 수행 구조 설계 및 시뮬레이션
- 프로젝트 실행 기획 및 관리
- 프로젝트 마일스톤 수립 및 프로젝트 목표 달성 기술 개발 등

(6) 구매 및 조달 기술 Contract and Procurement Technology

- 프로젝트 조달 및 구매 전략 수립
- 조달 패키지 개발 및 발주 사이클 전략 수립 및 관리
- 외주·하도급 선택 기준 및 운용
- 장기소요 기자재 구매 발굴 및 공급관리
- 주문 기자재 공장 품질 및 인수 검수
- 주요 기자재 수송 및 보험관리
- 계약 및 클레임 관리 등

(7) 설계 및 엔지니어링 기술 Design & Engineering Technology

- 예비설계 및 예비 견적 시뮬레이션
- 기본설계 견적, 원가 최적화 시뮬레이션
- 최적 설계 및 투입 원가 시뮬레이션
- 설계기준 및 표준별 시뮬레이션 등

(8) 설계 검증 기술 Design Verification Technology

- 설계기준 및 표준, 계약조건 반영 여부 검토
- 설계의 완성도 및 정확도 검토
- 통합성과 성능 검토
- 일관성 검토
- 시공성 검토
- 공사 투입 원가 최적성 검토 등

(9) 시공 설계 및 엔지니어링 Construction Design and Engineering

- 현장 공사 계획(현장 인프라 및 야적장, 진·출입로 설계 등)
- 현장 인력 계획 및 관리

- 공법 설계 및 시뮬레이션
- 공사 임시시설 설계 및 엔지니어링
- 하도급 계획 및 관리
- 기능인력 및 자재 조달기획 및 관리
- 현장 물류 계획 및 관리
- 주요 공사 종류별 작업(work) 계획서 및 품질 지침서 개발
- 민원 관리
- 현장 원가 및 공정관리
- 현장 문서 관리
- 현장 안전관리
- 중장비 투입/해지 설계 및 관리 등

(10) 양도 기술 Concession Technology
- 운영 모델 설계 및 모델별 수익 설계
- 시설 임대 전략 및 마케팅 전략 개발
- 시설 임대 관리 등

(11) 시설 운영 및 유지관리 기술 Operating & Maintenance Technology
- 시설 운영 및 관리체계 개발 및 운영
- 품질과 성능 저하 예방 프로그램 개발 및 운영
- 생애주기 관리 기획 및 관리
- 경험 자료의 피드백 시스템 구축 등

(12) 마케팅 및 협상 기술 Marketing & Negotiation Technology
- 마케팅 전략 및 기획
- 협상 전략 및 기술
- 글로벌 문화와 언어 기술
- 시장과 상품별 마케팅 프로그램 개발 및 운영 등

8.2 건설사업관리의 가치 실현

건설사업에서 계획 대비 공기와 비용 내에서 사업이 완료되는 경우는 흔하지 않다. 프로젝트가 실패하는 요인으로 거론되는 것에는 여러 가지가 있다. 비교적 자주 거론되는 원인으로 다음과 같은 것이 있다. 이들은 때로는 복합적으로 작용한다.

(1) 부적절한 일정 관리 Poor Schedule Management
(2) 프로젝트 리더십 부족 Lack of Project Leadership
(3) 고위 경영진의 의지 부족 Lack of Commitment from Senior Management
(4) 프로젝트의 복잡성과 모호성 Complexity and Ambiguity in Project
(5) 잦은 변경 Frequent Changes
(6) 적절하지 못한 인력 배치 Inadequate Staffing
(7) 참여자 간 의사소통 부족 Lack of Communication among Participants
(8) 팀원들의 지식, 경험, 기술 부족 Lack of Knowledge, Experience and Skills
(9) 역할과 책임의 혼동 Confusion in Roles and Responsibilities
(10) 예산 부족 Insufficient Budget
(11) 새로운 기술 도입 지연 Delay in the Introduction of New Technologies

대규모 건설사업은 장기간 다수의 프로젝트가 동시다발적으로 추진되는 특성으로 다양한 변수와 불확실성이 존재한다. 이러한 상황에서는 계획을 유연하게 조정하고, 변화에 대응할 수 있는 유연성과 적응력을 가지는 것이 중요하다. 또한, 건설사업관리의 성공은 계획 대비 완료에만 의존하는 것이 아니라, 발주자와 이해관계자들과의 소통과 협력, 문제해결 능력, 조정과 조율의 능력 등 다양한 요소에 의존할 필요가 있다. 따라서 건설사업 추진 시에는 변화에 대응하고 최적화 전략을 수립하는 역량을 갖추는 것이 중요하다.

건설사업은 동적이고 변화무쌍한 과정이다. 이에 대응하기 위해 우리는 변화에 유연하게 대응하고, 실패를 줄이기 위해 시야를 넓혀 멀리 바라보고 최적화 전략을 수립하여 건설사업의 성공을 이루어 나가야 할 것이다.

그러한 방법이 바로 가치 중심 전략이다. 지금까지 건설산업에서 프로젝트 내의 상황 즉, 비용, 시간, 범위 내에서 품질의 최적화를 고려했다면, 이제부터 바뀌어야 한다. 즉, 최종사용자의 가치 극대화Value Maximization를 위한 전략으로 전환이 필요하다.

이를 위해서 건설생산 과정에서 최종사용자가 최종 결과물에 대해 최대한 만족하고 편리하게 이용할 수 있도록 고려하여 사업을 수행하는 것이다. 사용자가 요구하는 미래 상태To Be와 현재 상태As Is의 격차Gap를 최소화하기 위해 사용자의 피드백 을 수집하고 이를 분석하여 건설추진 과정에 반영할 필요가 있다. 사용자들의 의견을 존중하고 신속하게 대응함으로써 사용자들의 만족도를 높일 수 있다. 또한 시설물의 사용 및 운영 유지 기간에도 사용자의 요구사항을 지속해서 모니터링하고, 사용자들의 요구에 맞는 기능은 다음 설계에 추가하거나 개선하여 사용자들이 지속해서 가치를 느낄 수 있도록 해야 한다.

최종사용자의 가치 극대화를 위한 전략은 사용자들의 우선순위를 두고 있는 가치와 편익Value & Benefit을 이해하고, 그들의 경험을 개선하는 것에 중점을 두어야 한다.

사용자 중심적인 접근과 지속적인 개선을 통해 사용자들이 건축물, 제품 또는 서비스를 만족하며 가치를 느낄 수 있도록 지속해서 노력해야 한다.

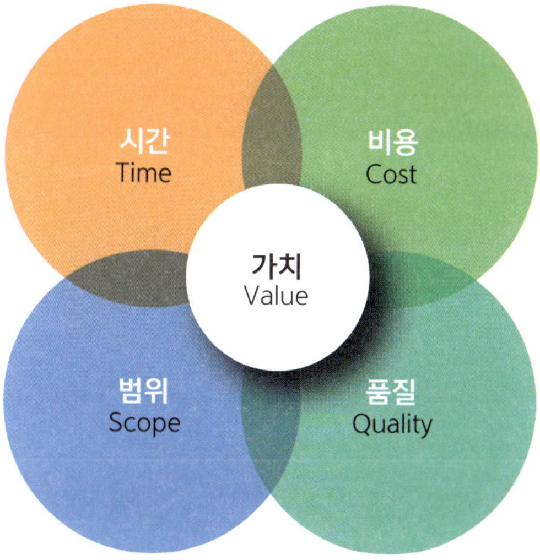

[자료 2-11] 건설사업관리의 4중 제약조건

[자료 2-11] 에서 보는 바와 같이 건설사업관리의 4중 제약조건은 사업관리의 핵심 요소인 시간, 비용, 범위, 품질을 말한다.

건설사업관리자는 자신이 수행 중인 프로젝트에서 네 가지 건설사업관리의 제약조건 간의 '균형'을 이해할 수 있어야 한다. 즉, 건설사업관리의 4중 제약조건의 기본적인 가정은 '한 분야에 더 많은 주의를 기울이면 다른 세 영역에서는 더 나쁜 결과가 초래된다'는 것이다.

예를 들어, 시간을 우선시하면 건설사업을 빨리 완료할 수 있다. 하지만, 해당 시간 내에 완료하기 위해서는 돌관공사, 설계시공 병행, 동시 작업 등을 통하여 더 큰 비용을 지출해야 한다.

또한 비용이 최우선이라면 건설사업의 예산 범위 내에서 마무리될 것이다.

비용 내에서 마무리하기 위해서는 더 적은 인원을 투입하거나 혹은 더 저렴한 비숙련공이나 저가의 외국 인력을 고용할 수 있다. 하지만 건설사업의 범위가 축소되거나 원하는 마감일을 놓칠 수 있으며 품질을 희생할 수 있다.

아울러 범위에 초점을 맞추면 최초 계획 대비 변경을 최소화하거나 사용자 또는 운영자의 요구사항을 충족하지 못하여 만족도가 낮아질 수 있다.

품질에 초점을 맞추면 비용과 시간이 늘어날 수 있다.

건설사업관리자는 건물이 인도될 때 가치를 실현하기 위해서 시간, 비용, 범위, 품질이라는 4가지 제약사항을 최적화시켜야 프로젝트의 가치를 실현할 수 있다.

8.3 사업추진 단계별 비효율성

사업추진 단계별 칸막이는 없다. 사업을 추진하다 보면 도전과 어려움이 있을 수 있지만, 칸막이를 두지 않고 모든 사업 단계를 통합하고 협력하며 협조하는 것이 중요하다. 사업은 동시에 추진되며, 각 이해관계자가 서로 협력하여 목표를 달성하여야 한다. 칸막이는 진전을 방해하는 요소로 간주할 수 있다.

사업추진은 초기 기획 수립부터 실행, 모니터링 및 통제, 종결 및 유지관리 각 단계에서 목표 설정, 자원 확보, 일정 조율, 이해관계자와의 소통 등이 필요하다.

이를 통해 사업은 지속해서 진행되고 발전해 나갈 수 있다.

사업추진에는 도전과 어려움이 따르는 때도 있지만, 이를 극복하기 위해 협력과 협조가 필요하다. 이를 통해 단계별 칸막이를 제거하고, 사업의 성공을 위해 노력할 수 있다.

단계별 칸막이 없는 사업추진을 통해 목표를 달성하고 성공을 이루는 것을 지향해야 한다. 이를 위해 이해관계자들 간의 소통과 협력을 강화하고, 문제해결에 적극적으로 참여하는 것이 중요하다.

8.4 건설사업관리의 성공 요인

제2장 2.1에서 제시한 건설엔지니어링의 문제점을 개선하고 건설사업관리를 성공적으로 수행하기 위한 전략을 마련하기 위해서 문제점들의 요인을 그룹화하여 건설사업관리의 성공 요인을 도출하였다.

미국 프로젝트 관리협회에서는 건설사업의 성공은 프로젝트 및 프로그램이 조직에서 의도된 편익을 인도할 수 있는지와 프로그램이 그러한 편익을 효율적이고 효과적으로 인도하는지로 측정한다고 하였다. 또한 미국의 엔지니어링 컨설턴트 Thomsen은 그의 저서 '프로그램 관리'에서 건설프로그램의 성공적인 사업수행을 위해 이해관계자 참여·리더십·팀워크 등 사람들People과 관련된 요인과 프로그램 생애주기·지식체계 등 프로세스Process와 관련된 요인, 그리고 세부 관리를 위한 기술적 시스템들의 결과물Product과 관련된 요인들에 대한 프로그램 성공의 프레임워크Framework를 명확히 이해하여야 한다는 의견을 제시했다. [자료 2-12] 12)

본서에서는 톰센Thomsen의 3P 이론을 접목하여 설명하고자 한다.

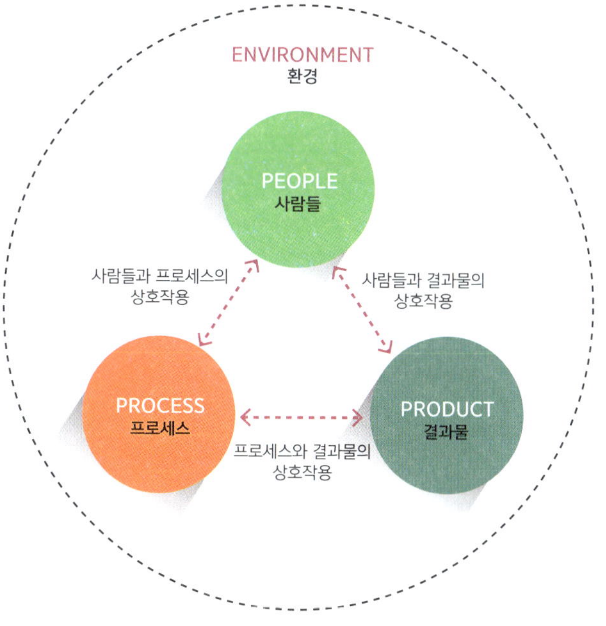

[자료 2-12] 건설사업관리의 성공요인 프레임 워크

12) Chuck Thomsen은 *Program Management(2011)*에서 Program Manager(PgMr)는 프로젝트 관리자가 갖지 못한 기회를 가지며, PgMr은 유사성의 발견을 통해 개별 프로젝트를 검토할 수 있다고 했으며, 유사성을 순환, 반복, 개선으로 성공의 기회를 가질 수 있다고 하였다. 사람들(People), 프로세스(Process), 결과물(Product)이 순환·반복될 때 프로그램의 성공가능성이 높아진다고 했다.

이 외에도 건설사업관리의 성공 요인으로 핀토와 맨틀Pinto and Mantel은 미션, 최고경영진 지원, 의사소통, 고객 수용, 프로젝트 계획, 프로젝트 일정 등을 성공요인이라고 했으며, 미식과 라두이코비치Misic and Radujkovic는 이해관계자 관리, 프로젝트 관리 역량, 프로젝트 관리 경험을 성공요인이라고 했다. 플루비야Flyvbjerg는 낙관적 편향, 이해관계자 관리, 초기 단계 계획의 업데이트와 피드백 제공을 성공 요인이라고 했으며, 데니콜Denicol은 의사결정 행동, 전략, 거버넌스 및 조달 계획, 리스크와 불확실성 관리, 리더십, 이해관계자 참여 및 관리, 공급망에 대한 통합 및 협조 등을 성공 요인 이라고 했다. [표 2-4] 는 건설사업관리의 성공 요인을 정리한 것이다.

저자	성공 요인
Pinto and Mantel	• 미션 Mission • 최고경영진 지원 Top Management Support • 프로젝트 일정/ 계획 Project Schedule/ Plan • 고객 상담 Client Consultation • 인력 Personnel • 기술작업 Technical Tasks • 고객 수용 Client Acceptance • 모니터링 및 피드백 Monitoring and Feedback • 의사소통 Communication • 문제해결 Trouble-shooting
Misic and Radujkovic	• 프로젝트 관리 역량 개발 Development of Project Management Competence • 메가프로젝트 관리 경험 Experience in Megaprojects Management • 문화적 차이 Cultural Differences • 정치적 영향력 Political Influence • 이해관계자 관리 Stakeholder Management
Flyvbjerg	• 낙관적 편향 Optimism Bias • 전략적 허위진술 Strategic Misrepresentation* • 이해관계자 관리 Stakeholder Management • 초기단계 계획의 업데이트와 피드백 Update & Feedback in the initial plan
Denicol	• 의사결정 행동 Decision-making Behavior • 전략, 거버넌스 및 조달 Strategy, Governance and Procurement • 리스크와 불확실성 Risk and Uncertainty • 리더십과 능력있는 팀 Leadership and Capable Teams • 이해관계자 참여 및 관리 Stakeholder Engagement and Management • 공급망 통합 및 협조 Supply Chain Integration and Coordination

* 전략적 허위진술이란 자신의 전략적 목적을 달성하기 위해 의도적·체계적으로 정보를 왜곡하거나 거짓을 진술하는 현상을 말한다.

[표 2-4] 건설사업관리의 성공 요인

이러한 건설사업관리의 성공 요인은 다양하게 살펴볼 수 있으나 건설사업에는 다양한 사람들이 참여하기 때문에 고객을 포함한 이해관계자가 어느 정도 적극적으로 프로그램에 참여하느냐에 따라 성공과 실패가 달라질 수 있다. 특히, 프로젝트 초기부터 종결될 때까지 이해관계자를 효과적으로 참여시키기 위해서는 이해관계자를 식별하고 핵심 이해관계자를 사업에 참여시킬 필요가 있다.

1) 프로젝트에 참여하는 사람들People의 역량이 중요

건설엔지니어링의 문제점으로 도출되었던 수직적 관리, 고령화, 낮은 처우, 근로여건 열악 등 인력 측면에서 관리가 중요하다고 본다. 단일 사업뿐만 아니라 다수의 건설프로젝트를 관리할 때 건설프로젝트에 참여하는 사람들은 협의의 측면에서 설계자, 시공자, 프로젝트 관리자 등 서비스를 제공하는 사람들일 수 있고, 광의의 측면에서는 건설프로젝트뿐만 아니라 건설프로그램 내 발주자, 사용자, 운영자, 정부기관 등 프로그램과 관련된 직간접 이해당사자들일 수 있다. 건설사업을 효과적으로 운영하기 위해 사람들은 프로그램 관리단Program Management Office, PMO을 구성하여 관리능력을 향상하고 조직화한 가치체계를 발전시킨다. 프로젝트는 사람에 의해 수행되기 때문에 프로젝트를 성공적으로 이끌기 위해서는 팀워크, 파트너십, 리더십, 의사소통 등에 관심을 기울여야 한다.

2) 프로세스Process의 중요성

건설엔지니어링의 문제점으로 도출된 과도한 행정업무, 계획과 관리의 부재 등의 문제점을 프로세스 측면에서 관리하는 것이 중요하다고 본다. 다수 프로젝트 중에서 한 개의 프로젝트를 선택하여 설계와 시공 과정을 살펴보면 각각의 프로젝트 목적은 다를 수 있으나, 요구사항 정리, 의사소통, 승인, 조정 등은 반복적인 과정을 발견할 수 있다. 한 개의 프로젝트가 완료되면 다른 프로젝트에 반복적인 과정을 적용함으로써 점진적으로 개선할 수 있다. 기획, 설계, 실행, 구매조달, 모니터링 및 통제, 종결, 유지관리 단계에 이르기까지 프로세스와 공급망을 관리하고 초기에 설정한 목표 달성을 위해 모든 작업 활동을 최적화시킬 필요가 있다.

3) 결과물Product의 가치 향상

건설엔지니어링의 문제점으로 도출된 낮은 대가, 적정 공기 부족 등의 문제점을 결과물 측면에서 관리하는 것이 중요하다고 본다. 프로세스를 통해 창출된 성과가 바로 결과물이다. 이러한 결과물의 가치는 사용자의 요구사항을 충족할 수 있는 설계도서가 완성되고 시공 과정에서 시공자는 발주자와 의사소통을 통하여 최종사용자에게 인수인계된다. 사용자들은 한정된 자원과 심화하는 경쟁 속에서 효율적으로 시설을 운영하기 위해 빌딩시스템의 유지관리 항목을 최소화할 수 있는 장비를 선정한다. 최고의 결과물을 고객에게 인도하기 위해서는 철저하게 범위, 요구사항, 품질, 지속가능성을 중심으로 이전에 없었던 가치를 창출하여야 한다.

03

1부에서는 건설엔지니어링의 환경과 건설엔지니어링의 문제점 및 개선방안을 제시하였다.

2부에서는 건설사업관리[CM]과 프로젝트 관리[PM], 그리고 프로그램 관리[PgM]에 대한 각각의 정의, 업무내용, 프로세스, 그리고 그들 간의 차이점 등을 분석하였고 건설사업관리의 계약방식, 건설사업관리자의 역량과 가치실현에 대해 알아보았다.

3부에서는 국내 건설사업관리 사례를 소개하고자 한다. 국내 건설사업관리 사례는 다양하게 찾아볼 수 있으나, 국내에서 공공부문에서 책임감리 방식에서 벗어나 건설사업관리, 즉 PgM 형태로 발주된 용역들을 살펴보았다. PgM 형태로 수행했던 사업에는 인천국제공항 건설(1단계), 경부고속철도 건설(1단계), 주한미군기지 평택이전 사업, 행복중심복합도시건설, 새만금 개발사업 등이 있다.
이 중에서 전과정 PgM을 수행했던 인천국제공항 1단계 건설 사업과 주한미군기지 평택이전사업을 중심으로 교훈과 시사점을 도출하고자 한다.

제 9 장
인천국제공항
건설사업

제 10 장
주한미군기지
평택이전사업

part3

제 3 부 국내 건설사업관리 사례

chapter 09

인천국제공항 건설사업

제 9 장

인천국제공항 건설사업

9.1 배경

국내건설이 세계에 내놓을 수 있는 대표적인 인프라시설 중 하나가 인천 국제공항이다. 인천국제공항은 2005년부터 국제공항협의회Airports Council International, ACI가 주관하는 세계 공항서비스 평가Airport Service Quality, ASQ에서 12년 연속 1위를 달성하는 등 글로벌 공항중에서 손꼽을 만한 공항이다. 이러한 인천국제공항의 건설사업에 대하여 살펴보고자 한다.[13)]

인천국제공항이 사업 초기단계부터 순탄하게 시작된 것은 아니었다. 어떤 프로젝트든 마찬가지지만 인천국제공항 건설도 초기단계에 갯벌과 철새 등 환경문제, 대규모 예산 투입에 따른 경제성 논란, 바다를 메운 연약지반 개량 기술 문제 등이 공항건설의 반대 명분때문에 사업을 시작하는데 어려움은 있었다.

인천국제공항이 건설된 배경은 1986년 아시안게임 개최를 전후로 국제선 수송실적이 세계 10위권을 기록했고, 서울올림픽이 개최된 1988년에는 국제선 승객 수가 전년 대비 100만 명이나 급증했기 때문이다. 특히 1989년 해외여행 자유화 정책이 시행되면서 급격한 성장률을 보였으며, 이에 따라 김포국제공항은 꾸준히 확장 공사를 했지만, 급증하는 여객 수요를 따라잡기에는 역부족이었다.

13) 인천국제공항공사 보도자료(2021.4.1.), 인천공항, 세계 공항 최초로 ACI 고객경험인증 최고등급 획득

[자료 3-1]
인천국제공항 1단계 주요 프로젝트 전경

1 여객계류장
2 활주로
3 관제탑

이에 정부는 수도권 지역에 김포 공항을 대신할 신공항을 건설하기로 하였다.

인천국제공항 건설사업은 1992년부터 2033년까지 5단계로 진행되는 대규모 사업으로 사업비는 약 23조 원이다.[14)]

이 중 1단계 사업은 1992년부터 2001년까지 PgM 방식으로 수행되었다. 사업범위는 11,724 천㎡의 부지를 조성하고 2본(1·2, 3,750m)의 활주로와 496,000㎡의 여객터미널 1동, 화물 터미널, 계류장(여객용 60개, 화물용 24개) 등을 포함하는 대규모 신규 국제공항 건설사업으로 사업비는 5조 6,300억 원이 투입되었다. [자료 3-1] [15)]

14) 인천국제공항공사 홈페이지 참조
15) 인천국제공항공사, 인천국제공항(1단계) 건설사업관리 건설사지, 2001, 인천

1단계 건설사업은 무려 8년여의 건설기간과 연인원 1,400만 명이 투입된 단군 이래 최대의 공사였다.

이처럼 대규모 사업으로 추진하게 된 데에는 당초 수도권 인근의 수요만을 예상하고 수립한 기본계획을 대폭 확대 수정하여 동북아 허브공항을 넘어 세계 최고 수준의 공항 건설로 설계 방향을 수정한 것이다. 이에 따라 기본계획에 대한 전면적인 재검토 작업이 이루어졌고, 그 과정에 신규 사업이 추가되면서 큰 폭의 사업비 조정이 이루어졌다. 또 다른 이유는 8년여의 건설 기간 동안 지속해서 상승한 물가 때문이었다. 특히 IMF 외환 위기로 인한 환율 급등은 외국산 기자재 등의 구매 가격 인상을 초래했고, 이는 예상치 못한 비용 상승 요인이 되었다.

9.2 사업의 특징

1) 5단계로 추진되는 초대형 국책사업

인천국제공항의 건설 및 확장 사업은 기획 초기부터 이미 총 5단계로 계획이 정해져 있으며 현재까지 이 계획대로 사업이 순조롭게 시행되고 있다.

(1) 1단계 사업 – 제1·2활주로와 여객터미널, 화물터미널 건설(2001년 개항)

(2) 2단계 사업 – 제3활주로와 탑승동 건설 및 화물터미널 확장(2008년 완료)

(3) 3단계 사업 – 여객터미널의 정반대편에 위치한 제2여객터미널, 단기주차장, 교통센터, 제2 인천공항 정부합동청사 신설 및 화물 터미널, 계류장 확장, 공항철도 연장(평창 동계올림픽에 맞추어 2017년 완료)

(4) 4단계 사업 – 제2여객터미널과 계류장 확장, 제4활주로 추가 건설, 정비시설, 주차장 확장(2024년 완료)

그 중 제4활주로와 일부 계류장 확장 건설은 2021년 6월 모두 완공하여 개통하였으며, 나머지 공사는 모두 2024년에 완료될 예정이다. 본래는 4단계 사업이 최종 단계였으나, 동아시아 항공 수요가 폭증하는 바람에 5단계를 건설하게 된다.

(5) 5단계 사업 – 제5활주로와 제3여객터미널을 건설할 예정이다. 현재는 마스터플랜 수립 후 추진시기, 타당성 등을 검토하여 기본계획 변경 및 사업추진 예정이다.[16)]

구분	1 단계	2 단계	3 단계	4 단계	5 단계 (예상)	계
사업기간	1992~2001	2002~2008	2009~2017	2017~2024	(2027~2033)	1992~2033
사업비 (조 원)	5.63	2.97	4.93	4.19	(5.9)	23.62
부지 (㎢)	11.7	9.6	1.1	1.7	(23.3)	47.4
활주로 (본)	2(1,2)	1(3)	–	1(4)	(1(5))	5
터미널 / 탑승동	여객 1 화물 1	화물 (확장) 탑승동	여객 1	여객 (확장)	(여객1)	여객 3 화물 1 탑승 1

[표 3-1] 인천국제공항 건설사업 개요

16) 제6차 6단계 공항개발 종합계획(2021년~2025년)

2) 다양한 사업관리 방식을 도입

인천국제공항 건설의 1단계는 종합사업관리용역PgM으로 수행되었다.

PgM의 주요 업무로는 PMIS 구축, SOPStandard Operation Procedure 마련, 도면자료관리스템, 품질/안전경영 시스템, 종합시운전시스템 등이었다. PgM 컨소시엄에 참여했던 참여사는 사업기획, 사업관리, 설계 관리, 시공관리, 구매관리 등 업무를 담당하였다.

인천국제공항 1단계 건설이 완료되고 공항사업관리 경험을 인수받은 인천국제공항공사는 1단계에 비해 2단계와 3단계는 건설사업관리 및 종합사업관리 지원용역으로 수행하였고, 4단계는 건설정보관리용역을 수행하였다.

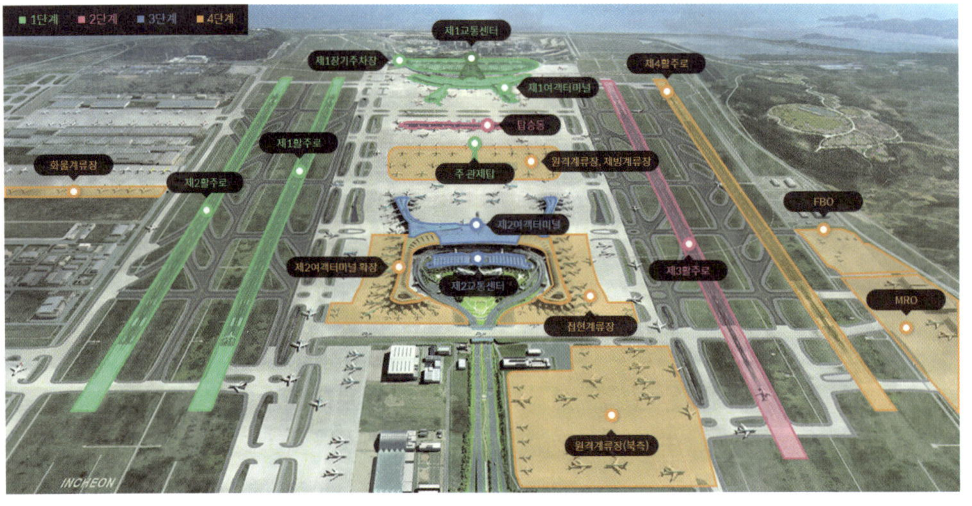

[자료 3-2] 인천국제공항 조감도(1~4단계)

구분	1 단계		2 단계	3단계	4 단계
	1차	2차			
용역명	사업관리용역 (1차)	사업관리용역 (2차)	건설사업관리 기술지원용역	종합사업관리 지원용역	건설정보관리용역
기간	'94.12~'96. 12	'96.12~'01.4.	'03.7~'08.6	'11.12~'17.12	'18.4~'24.10
금액	146억원	475억원	262억원	320억원	77억원
참여사	H사, P사, T사, I사	H사, P사, I사	K사, I사, D사, S사	K사, S사, D사	H사, K사, S사
특징	공사와 사업관리 조직의 독립적 운영	공사와 사업관리 조직과의 통합 운영	-공사와 사업관리 조직과의 통합 운영 -1단계 유경험자를 활용한 사업관리 조직 구성	공사조직 증원에 대한 한계성 극복	

[표 3-2] 인천국제공항 건설사업관리 용역 요약

구분	사업기획	사업관리지원		설계관리		시공관리			품질환경관리		마케팅	교육훈련		해외기술지원
		일정분야	기타분야	기술관리	CAD	현장설계	시공관리	안전관리	품질관리	환경관리		국내교육	해외교육	
H사	★	★	★	◆	★	◆	★	★	★	★	◆	★		
P사	◆	◆		★		◆						◆	◆	★
T사	◆			◆		★	◆		◆			◆	◆	◆
I사	◆			★		◆					★	◆	★	◆

★ 주관 ◆ 지원

[표 3-3] 사업관리용역단 구성 회사별 업무분장(1단계 1차)

3) 사업기획 업무의 중요성

인천국제공항 사업기획 업무는 사업의 본격적인 착수 이전의 선행단계Front-end Phase 업무와 실질적인 사업 착수 이후 발생되는 계획 및 운영단계 업무로 나눌 수 있다. 사업기획업무는 사업관리의 근간이 되는 사업수행 기본 방침 및 지침 결정(PM수행 방안, PM수행 체계 등), 사업분류체계WBS의 개발 및 사업분류체계 사전dictionary 작성, 계약 패키지 분류, 개략적인 Scope(Make or Buy decision 포함), 계약 형식, 계약 입찰 방법 및 절차, 계약자 선정 방안 등 구매 방안 및 지침에 관한 사항, 도면 및 문서번호 체계, 기자재 번호체계 등 사업 번호체계 개발, 사업관리체계 운영 및 기본 방침 수립, 사업수행 지침서 작성(사업수행 절차서의 기본 골격), 사업관리 전산시스템 개발 및 운영 방침 수립(개발 우선 순위 등), PM(시험 운전 포함)과 운영 및 보수유지를 고려한 사업 기본계획 수립 등을 포괄하는 것으로 프로젝트 수행 전반에 대한 기본 골격을 형성하는 업무라고 할 수 있다.

4) 적기 개항의 중요성

인천국제공항 건설사업은 건설과정에 준공 이후 이를 사용하는 국내외 항공사 및 물류사, 판매 및 서비스 제공기업 등 다양한 수요자를 사전에 유치했기 때문에 개항일을 반드시 준수해야 했다. 만일 개항일이 지연될 경우, 수요자의 이탈과 함께 사업지연으로 인한 각종 손실액이 발생될 수 있었다.

공항 건설과 공항 개항은 다르다. 공항 건설을 아무리 완벽하게 하더라도 공항 개항이 늦춰지면 프로젝트를 성공적으로 완료했다고 볼 수 없다. 특히 공항 개항에서 중요한 것은 수화물처리시스템Baggage Handling System, BHS, 항행 안전 무선시설, 항공 등화시설, 항공 정보통신 시설 등 항행 안전시설을 구축하고 예행연습을 끊임없이 반복하여 문제점을 도출하고 이를 해결하는 것이다.

인천국제공항은 적기 개항을 위해서 해외 공항의 실패사례를 참고했다. 1998년 6월 문을 연 홍콩 첵랍콕국제공항은 수화물 처리시스템BHS 오류로 큰 혼란을 겪었다. 개항 당일 BHS 문제가 발생하여 수화물이 제대로 항공기에 운반되지 못해 항공기 운항이 크게 지연되는 사태가 이어져 국제적인 망신을 샀다. 또 운항 지연에 따른 손해배상액이 수 조원에 달해 홍콩 국민총생산GNP이 떨어지기까지 했다.

미국 중서부지역 중추공항인 뉴덴버공항에서도 시운전에서 발생한 BHS 결함 때문에 개항 시기를 1년 가까이 늦췄다. 뉴덴버공항 측은 BHS 결함을 보완하지 않은 채 개항을 강행해 문제가 생길 때 귀중품이나 중요한 서류 등이 들어있는 수하물이 엉뚱한 곳으로 가거나 분실되는 데 따른 손해배상청구액을 감당하지 못할 것으로 보고 이같이 결정한 것으로 알려졌다. 이외에도 말레이시아 쿠알라룸푸공항에서 발생한 유선 통신 두절 등으로 국제공항으로서 위상에 치명타를 입었던 사례도 있다.

인천국제공항에서도 개항전 종합시험운전, 개항 시나리오를 다양하게 만들어 예행연습이 끊임없이 반복되었다. 공항운영시스템을 전체적으로 연결시키는 과정에서 일부 오작동이 발생하였지만, 공항이라는 특성상 각종 첨단 시스템의 적용과 신규 공항 운영요원들의 숙달훈련을 통해 2001년 3월 29일에 성공적으로 개항하게 되어 대한민국의 첫 번째 국제 허브공항이 탄생하게 되었다.

9.3 추진과정

1) 인천국제공항의 건설사업 진행단계를 5단계로 구분하였다.

(1) 기획단계 Pre-design Phase

(2) 설계단계 Design Phase

(3) 구매/조달단계 Procurement Phase

(4) 시공단계 Construction Phase

(5) 시공이후단계 Post-Construction Phase

2) 건설사업 추진과정은 7개의 사업관리 기능으로 구분하였다.

(1) 사업관리 Project Management

인천국제공항 1단계의 건설사업의 사업관리는 사업관리 수행계획서, 종합사업 수행계획서, 사업관리절차서, 업무분류체계, 사업번호절차서, 사업번호체계 전산시스템, 시공 패키지 사전Construction Package Dictionary을 개발하였다. 대규모 건설사업에서는 다수의 프로젝트가 동시에 수행되고 서로 다른 이해관계자가 참여하기 때문에 공통된 언어, 문화, 절차서가 필요했다.

특히 종합사업관리수행계획서는 기획, 설계, 구매 및 조달, 시공, 시운전 등 건설 생애주기 전반에 걸쳐 수행하는 제반 업무에 대한 업무추진내용, 효율적이고 효과적인 사업관리방안을 마련하였다.

(2) 사업비 관리 Cost Management

인천국제공항 1단계의 건설사업의 사업비관리는 단계별 총사업비 산정 및 기간별 사업비 집행계획 수립 등 효율적이고 체계적인 사업비 관리체계 구축을 통하여 계획된 총사업비 범위 내에서 사업 목표 달성에 중점을 두었다.

사업 추진일정에 따른 예산 및 자금관리, 예산 대비 사업비 집행실적을 지속적으로 파악하여 문제점 발생 시 필요한 조치를 강구하였다. 또한 건설사업의 범위 변경 및 경제적 여건 변동에 따른 총사업비 분석 및 준공시점 사업비 재추정 등을 통하여 효과적으로 사업비를 관리하였다.

(3) 일정관리 Time Management

인천국제공항 1단계 건설사업의 일정관리는 발주자, PMC, 설계 및 시공계약자간 원활한 일정관리 업무를 수행하기 위해 주체간 명확한 업무분장과 더불어 사업을 체계적으로 관리할 수 있는 절차와 업무 시스템을 구축하여 명확한 목표와 방향을 설정하고 이를 통해 공정 목표 달성에 전념할 수 있도록 하였다.

건설사업의 공정관리체계는 기본공정표, 종합공정표, 관리공정표를 중심으로 진도관리체계와 하위의 계약자 공정표와도 직접적인 연계성을 가지고 운영하였다.

(4) 품질관리 Quality Management

인천국제공항 1단계 건설사업의 품질관리는 동북아 중추공항으로 24시간 운영 가능한 공항을 건설하는 것을 목표로 하는 품질을 달성하기 위해 품질에 영향을 줄 수 있는 요인을 미리 파악해 문제점을 사전에 예방하였다.

이를 위해서 사전에 품질요소를 관리하여 신뢰성에 영향을 줄 수 있는 품질보증체계를 구축해 운영하였다. 설계단계부터 제작, 시공, 설치, 시운전을 통합하는 공항 종합 건설 품질보증체계를 구축하여 운영하였다. 또한 부실공사를 원천적으로 방지하기 위해 전사적 품질관리Total Quality Management, TQM를 수행하였다.

(5) 계약/행정관리 Contract Adminstration Management

인천국제공항 1단계 건설시 수도권신공항건설공단은 PM과 PMC, 공항 설계와 시공, 각종 공항 항행 안전 무선시설, 항공 등화시설, 항공 정보통신 시설 등 항행 안전시설과 관제시설, 수화물처리시스템 등 국제 공항의 핵심 시설에 대한 지식과 경험이 부족할 뿐만 아니라 국제 입찰 경험과 지식이 부족했다.

따라서 국내 원전 건설에 대한 사업관리, 교육훈련, 운영에 경험이 풍부했던 한전기술의 도움이 절대적으로 필요한 상태였다. 한전기술은 해외 선진 사업관리 서비스를 체계적으로 관리할 수 있도록 역할과 책임분담, 조직과 대가 지급기준 등에 대한 서비스를 마련하였다. 동시에 국제입찰안내서를 전문적인 영어로 작성하는 입찰패키지 작성을 주도하였다.

(6) 안전관리 Safety Management

공항이라는 사업의 특성상 건설공사 성수기에는 2만 명 이상의 근로자가 곳곳에 투입되었다. 따라서 근로자의 생명과 신변 보호를 위해서는 체계적인 안전관리시스템 구축이 필수적이었다. 법, 제도에 의한 행정, 문서 중심보다 계획과 절차서, 그리고 프로그램 개발로 철저하게 데이터 기반 안전관리시스템을 구축하였다. 건설 현장 내 사고 및 재해 예방을 위한 조직적인 안전관리 활동의 결과를 분석하여 안전관리 체계를 보다 합리적으로 구축, 사고 발생의 위험을 사전에 제거하였다.

(7) 프로그램 관리 Program Management

공항 건설의 발주자인 수도권신공항건설공단은 조직과 인력은 순환보직을 하는 특성이 있었다. 따라서 장기간 사업의 특성과 복잡한 공항 프로젝트의 특수성을 감안하여 성공적인 사업을 위해 PMC 및 프로그램 관리 방식을 적용하였다. 원전시설의 사업관리 경험을 가진 한전기술이 주관사로서 프로그램관리를 수행하였다. 또한 경부고속철도 건설의 경험과 원전 사업관리에 풍부한 경험을 가진 PM 자문단과 협력체계를 구축하여 공항 사업의 중요한 이슈들에 대하여 전문적인 자문 서비스를 통해서 사업을 완료하는데 기여할 수 있었다.

2) 단계별 PMO 조직

인천국제공항공사Incheon International Airport Corporation, IIAC 건설사업의 1단계는 사업의 규모, 공종 및 특성에 적합하도록 프로젝트 사업관리조직을 설계단계, 시공관리단계 및 시운전 단계별로 구분하여 운영하였다. [자료 3-3] 참조

설계단계 제 규정 및 설계의 적정성 및 기존 시설과의 연계성을 검토하고, 설계 도면의 문제점을 사전에 파악하고 이를 대처함으로써 설계품질을 최적화하는 것을 목적으로 각 분야별 투입 기술자로 조직을 구성하여 운영하였다.

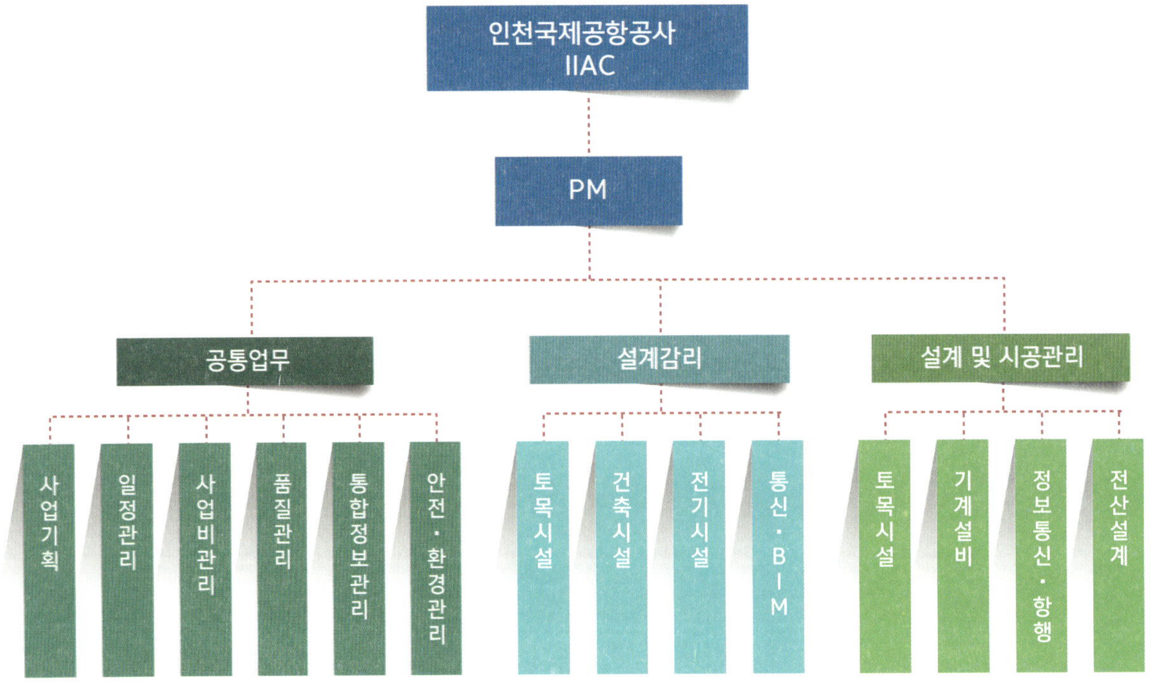

[자료 3-3] 인천국제공항 1단계 조직도

[자료 3-4] 인천공항 1단계 건설사업 준공 사진

9.4 교훈 및 시사점

1) 건설사업관리의 중요성 증가

최근 건설산업의 대형화, 복합화, 전문화로의 추세에 따라 기본적으로 건설산업의 특성인 시간 제약, 예산 제약, 결과물의 인도, 품질의 적정성 준수가 날로 중요해지고 있으며, 이에 따라 건설사업관리의 중요성은 날로 증가하고 있다.

2) 신공항 사업은 PgM 적용이 필수

공항 사업은 사업의 특성상 복합 공정, 장기 프로젝트, 다수의 이해관계자를 효과적으로 관리하고 토목, 건축, 기계, 전기(항공 등화), 공항 정보통신(감시 레이다, 무선통신 등) 등 다양한 공종이 복합돼 있어 건설사업의 리스크를 최소화하기 위해 신공항 사업의 PgM 도입이 필수로 요구된다.

3) 기획단계에서 공항 이전업무 고려

인천국제공항의 운영을 위한 공항 운영 시스템, 장비 등 김포 공항의 국제선 운영체계를 유지하면서 단계별로 신속하고 안전하게 이전 및 재배치하기 위한 공항 이전업무는 종합계획을 토대로 세부 실행계획과 모의 이전계획을 수립하고, 이에 따라 김포공항 당국(서울지방항공청, 한국공항공단)과 이전대상 기관, 항공사, 조업사, 수송업체 등 모든 이전 참여자들의 긴밀한 협조체계를 구축토록 하여 정해진 절차와 지침에 따라 수행되었다. 인천국제공항 건설사업은 공항 이전업무를 차질 없이 수행하기 위하여 해외 공항 이전 사례 분석, 이전 경로 분석, 이전 작업환경 구축, 이동경로 비상시 대책 등 사전에 다각적인 분석을 통해 개항 당일까지 진행된 공항 이전업무를 성공적으로 종결할 수 있었다.

4) 수행단계에서 통합적인 인터페이스 관리

공항은 하나의 도시처럼 수많은 기반시설과 서비스, 시스템으로 구성된 복합 공간이다. 인천국제공항은 사업수행단계에서 활주로, 유도로, 계류장, 여객터미널, 화물터미널, 항행안전시설, 수화물처리시스템, 관제시스템, 종합시운전 및 개항에 이르기까지 전과정이 유기적으로 가동될 수 있도록 상호 인터페이스 관리를 통해 향후 예상될 수 있는 문제를 사전에 차단하였다.

[자료 3-5] **인천국제공항 5단계 마스터 플랜** (출처 : 근정건축사사무소)

chapter 10

주한미군기지 평택이전사업

제 10 장

주한미군기지 평택이전사업

10.1 배경

주한미군기지 평택이전사업은 서울 용산에 있는 주한미군사, 연합사, 유엔사, 미8군 사령부 등 부대를 평택으로 이전하는 용산기지 이전사업Yongsan Relocation Plan, YRP 과 경기 북부지역에 산재한 미 2사단 등을 평택과 기타 지역으로 이전하는 연합토지관리계획Land Partnership Plan, LPP으로 구분된다. 주한미군기지 평택 이전 사업은 평택 험프리스Camp Humphreys 기지의 14,600,000㎡ 부지에 600여 동 건물[17]을 2026년 완료 목표로 추진되고 있다.[18]

주한미군은 1953년 「한·미 상호방위 조약」에 따라 미군이 한국 영토 내에 유엔군의 일원이 아닌 미군 자체로 주둔할 수 있는 법적 근거를 제공하고 있다. 그에 따라 1957년 유엔군사령부가 일본 동경에서 서울 용산으로 이동하였고, 주한미군사령부도 용산에 창설되었다. 이 과정에서 용산기지는 현재의 모습을 갖추게 되었다. 이러한 용산기지가 평택기지로 이전이 추진된 이유는 서울 도심 한복판에 미군의 용산기지가 위치함으로써 도시 발전을 저해하고 지역 민원 등 시민과의 마찰이 있었기 때문이다. 또한 한국전쟁 이후 미군 기지가 전국에 산재해 있음으로써 작전의 효율성이 떨어지는 측면도 고려되었다.

17) 국방부 주한미군기지이전사업단, 주한미군기지이전사업 종합사업관리, 2018
18) 「주한미군기지 이전에 따른 평택시 등의 지원 등에 관한 법률」에 따라 이 법의 유효기간은 2026년 12월 31일까지 효력을 가진다.

1980년대 후반 용산기지 이전 문제가 처음 논의가 시작되었으나 한·미 간 기지 이전에 대한 비용의 차이로 보류되었다. 그러다가 2003년 한·미는 용산기지 이전에 대해 전격 합의함으로써 기지이전이 본격화되었다.

한·미 협정상 최초 완료 시점은 2008년이었지만, 여의도 면적의 5배 규모인 평택 부지 매입이 지연됨으로써 사업 착수가 지연되었다. 몇 차례 일정 변경을 통해 2017년에 미 8군사령부가, 2018년에 유엔사와 주한미군사령부가, 2022년에 한·미 연합사가 평택 이전을 완료하였다. [자료 3-6], [자료 3-7] 참조[19)]

[자료 3-6] **주한미군기지 평택이전사업 조감도**

19) 국방부 주한미군기지이전사업단, 2018, 주한미군기지 이전 백서, YRP사업 10년의 발자취

[자료 3-7] 주한미군기지 평택이전사업의 주요 프로젝트 전경

10.2 사업의 특징

주한미군기지 평택이전사업은 기지이전을 요구한 한측이 기지 이전 비용을 부담하는 사업이다. 여기에는 이전 비용 최소화의 원칙이 있었다. 이 사업은 설계와 시공은 한측이 담당하고 최종 시설물을 미측에게 인계하는 것이다. 그리고 종전 기지의 임무와 기능을 유지 혹은 향상하는 방향으로 사업의 주요 범위가 설정되어야 하는 사업으로 다음과 같은 특징을 가지고 있다.

1) 한·미 양국의 다양한 협정으로 수행되는 사업

주한미군기지 평택이전사업은 용산미군기지 이전협정Umbrella Agreement, UA, 이행합의서Implementing Agreement, IA, 기술양해각서Engineering Memorandum of Understanding, E-MOU 등 한국과 미국의 협정에 따른 사업이다. 특히 이 사업은 한·미 양국 고유의 법령과 기술시방서 등 복수의 규정과 규격을 적용하여 개별 사업을 계획, 설계, 시공, 유지관리를 해야 하는 특징이 있다.

2) 사업비 조달을 위한 국유재산 및 기부채납과 양여 활용

정부는 이전사업의 재원조달을 위해 주한미군이 반환하는 공여해제 반환부지의 매각금으로 사업비를 조달하는 계획을 수립했다. 그리고 부지매각 시기와 사업비 조달 시기의 차이로 인하여 사업비가 부족할 경우 정부가 국고에서 지원하여 사업을 수행하기로 하였다. 하지만 2005년 「용산공원조성특별법」 제정으로 핵심적인 사업 재원 조달방법이 사라지면서 새로운 재원 마련을 위한 방법 모색이 불가피했다. 이에 국방부는 「국유재산법」을 근거로 '기부채납'과 '양여' 방식을 적용하여 한국토지주택공사Korea Land and Housing Corporation, LH를 참여하도록 하였다. LH는 직접 평택기지의 일부를 건설하여 '기부채납'하고, 국방부는 여기에 상응하는 재산을 '양여'하는 형식을 채택하였다.

3) 다수의 사업 참여로 인한 복잡한 의사결정체계

주한미군기지 평택이전사업은 상당히 복잡한 의사결정과정과 체계를 가지게 되었다. 우선, 국방부, LH, 주한미군United States Forces Korea, USFK, 미 극동공병단Far East District, FED, 시설대Directorate of Public Works, DPW 등 다수의 이해관계자가 사업에 관여하였다.

그리고 사업의 착수부터 종결까지 모든 사안을 한·미 간의 협상과 합의를 통해 결정해야 했다.

다수의 이해관계자가 참여하는 사업으로 한·미 발주자, 계약자, 사업관리자, 사용자 등 참여하여 의사결정을 수행하였다. 의사결정 도구는 용산미군기지 이전협정UA, 이행합의서IA, 기술양해각서EMOU, 제안요청서RFP를 근거로 하였다.

이해관계자는 한·미 설계건설대행자Design & Construction Agent, DCA – 공동 실무작업반Joint Working Group, JWG – 특별분과위원회Ad Hoc Subcommittee – 한미합동위원회Status Of Forces Agreement, SOFA 등이 있으며, 이러한 협상을 위해 한·미 양국은 YRP사업의 설계와 건설을 전문적으로 관리하기 위해 프로그램 관리단Program Management Office, PMO의 구성에 합의하였다.

PMO는 한국 측 설계건설대행자인 주한미군기지 평택이전사업단과 미국 측 설계건설대행자인 FED, 그리고 프로그램 관리 컨소시엄Program Management Consortium, PMC으로 구성되었다. [자료 3-8] 참조

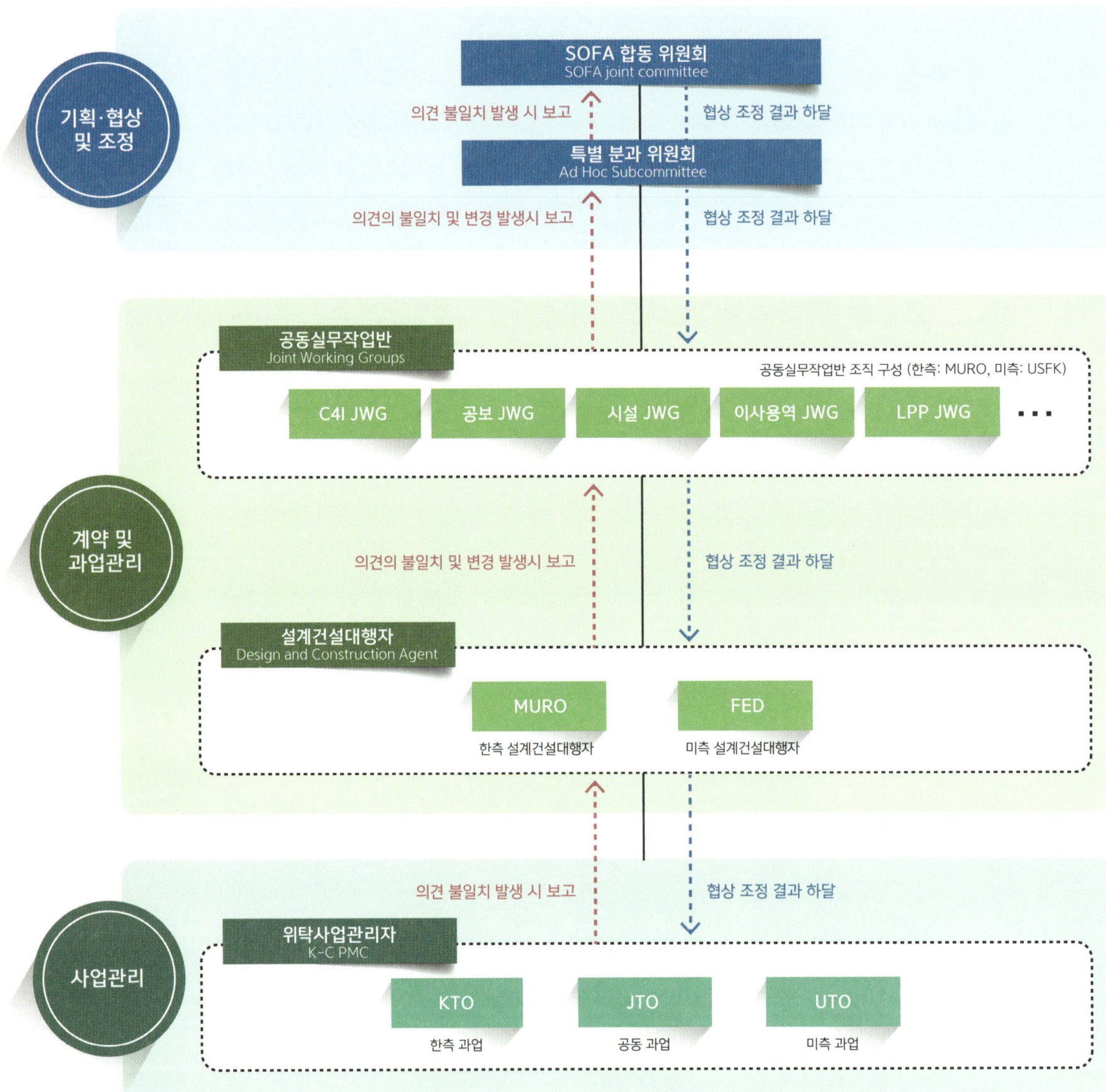

[자료 3-8] 주한미군기지 평택이전사업의 의사결정체계

(1) 절차와 책임

주한미군기지 평택이전사업의 절차와 책임은 [자료 3-9] 에서 보는 바와 같이,

① 한·미 협의로 마스터플랜Master Plan, MP 결정과 DD1391[20] 작성
② 미국측이 주도하는 설계 기준 패키지Criteria Package, CP 작성
③ 한측이 주도하는 실시설계와 시공 추진
④ 한·미 합의로 시설인계인수 절차로 진행되었다.

각 단계가 한·미 합의 및 각국의 기준에 따라 이루어지기 때문에 여타 사업보다 상당히 복잡하고 장기간의 합의 과정이 필요하였으며 주기적으로 변경되는 FED 시설기준과 관련하여 발생하는 설계변경사항을 시설물에 적용하는 과정이 필요하였다. 본 사업이 당초 목표보다 지연되고 있는 것은 바로 이러한 사업 특성에 기인한 것이다.

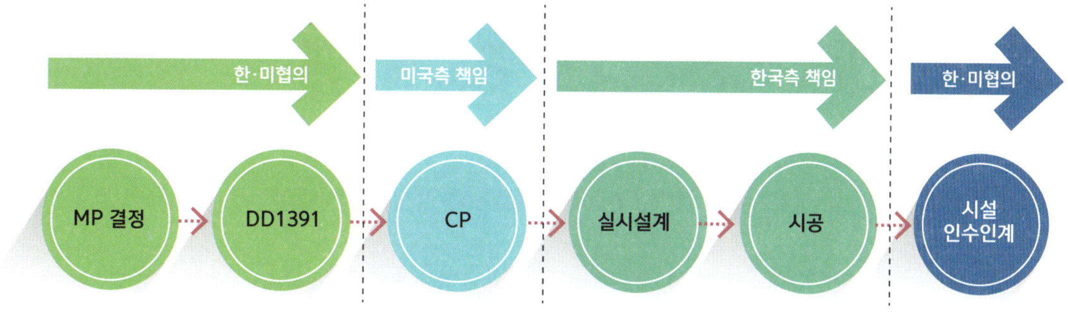

[자료 3-9] 주한미군기지 평택이전사업의 절차와 책임

20) DD1391은 미 의회의 프로그래밍 문서로서 프로젝트의 요구사항, 범위, 개략 사업비를 포함한 문서를 의미한다.

(2) 사업관리 체계

주한미군기지 평택이전사업 사업관리 체계는 [자료 3-10]에서 보는 바와 같이 프로그램 관리의 전문가 집단인 PMC가 주축이 되어, 발주자 조직인 국방부, LH, USFK, FED와 계약자(시공자, 하도급자) 등 많은 이해관계자로 구성되었으며 각 이해관계자들은 수직구조Hierarchical Organization와 메트릭스 구조Matrix Organization의 수직·수평 혼합형 조직을 혼용하여 의사소통과 협업의 사업관리 체계를 운영하였다.

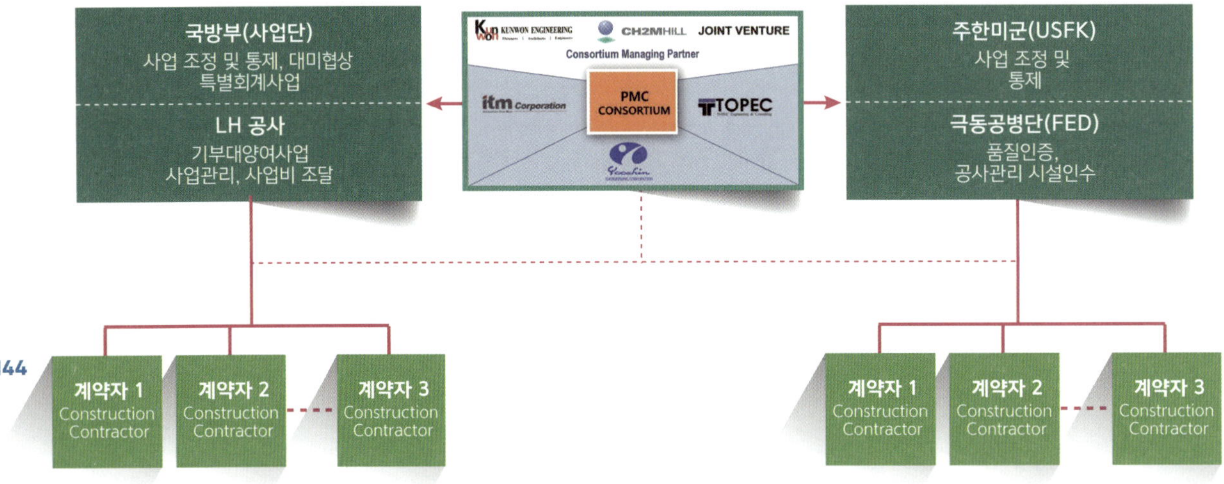

[자료 3-10] 주한미군기지 평택이전사업의 사업관리체계

4) 주한미군기지 평택이전사업의 프로그램관리 방식 도입

주한미군기지 평택이전사업은 2004년 12월 용산미군기지 이전협정Yongsan Relocation Plan, YRP과 연합토지 관리계획Land Partnership Plan, LPP 개정협정 국회 비준 동의 및 「주한미군기지 이전에 따른 평택시 등의 지원 등에 관한 특별법」이 제정되면서 주한미군기지 평택이전사업 추진의 법적 근거가 마련되었다. 2005년 7월에는 한·미 간의 기술양해각서E-MOU가 체결되었고, 2007년 3월에는 시설종합계획Master Plan, MP이 완료되어 같은 해 6월에 프로그램 관리 컨소시엄Program Management Consortium, PMC이 선정되었다. 그해 11월에는 사업의 기공식이 있었다. 현재는 종결 단계에 접어들어 각종 시설물의 준공 및 인수인계가 완료되고 하자보수 등 종결 과업이 진행되고 있다.

한·미 양국 참여조직이 사회적, 문화적 토대와 경험이 상이하므로 사업 초기부터 참여조직 간의 신뢰성을 구축하기 위해 사업의 모든 절차에 대한 문서로 만들어진 업무처리 프로세스 정립이 필요했다. 그리고 한·미 양국 간 합의한 기간 내 건설해야 하므로 설계와 시공 기술력 못지않게 프로그램 관리Program Management, PgM의 전문성이 성공 요인이라는 것을 인식했다. 개별 프로젝트와 시설물은 물리적으로 분리되어 있지만, 기능적으로는 서로 연계되어야 하므로 전체적으로 통합 차원에서 계획, 조정 및 통제가 필요했기에 프로그램 관리 방식을 도입하게 되었다.

10.3 추진과정

주한미군기지 평택이전사업의 추진의 주요과정은 미국 프로젝트관리협회Project Management Institute, PMI의 프로그램 관리 생애주기 3단계 절차를 적용하였다.

PMI는 프로그램의 생애주기를 정의, 인도, 종결 단계로 구분하였다.

프로그램 정의 단계는 프로그램을 승인하고, 높은 수준의 전략적 목표를 제공하는 단계이다. MP와 로드맵이 승인되면 사업계획서가 작성된다.

프로그램 인도 단계는 사업관리계획서에 따라 단일 프로젝트들이 의도된 결과를 산출하기 위해 수행되는 활동으로 구성된다. 이 단계에서 단일 프로젝트는 설계, 조달, 시공 단계의 업무 활동을 수행하게 된다.

프로그램 종결 단계는 프로그램의 편익을 운영유지 담당조직으로 이전하고, 공식적으로 프로그램을 종료하는데 필요한 프로그램 활동으로 구성된다.

[자료 3-11]은 PMI의 생애주기 절차에 따라 주한미군기지 평택이전사업의 단계와 주요 과업을 도식화한 것이다.

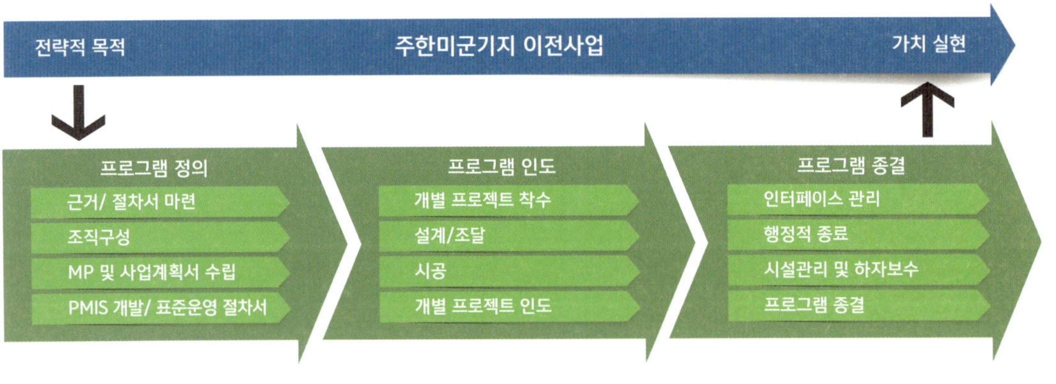

[자료 3-11] 주한미군기지 평택이전사업의 단계와 주요 과업

1) 프로그램 정의 Program Definition

(1) 근거 및 절차서 마련

주한미군기지 평택이전사업이 수반하는 다양한 문제들을 예측하고, 해결책을 마련하기 위해서 2005년에 E-MOU를 마련하였다. E-MOU에는 이전사업의 세부적인 수행을 위한 MP, 사업관리 절차, 설계 및 건설관리 절차를 담았다.

(2) 조직 구성

주한미군기지 평택이전사업은 한국 정부와 미국 정부 간의 협상에 의해 수행되는 사업으로 기지 이전사업의 계획 및 실행과 관련된 다양한 이슈들을 검토하고, 해결하기 위해 사업관리단Program Management Office, PMO을 구성하였다. PMO 조직 내에는 한측의 주한미군기지 평택이전사업단, 미측의 FED, PMC 간 다양한 자원과 정보를 조직적으로 관리함으로써, 프로그램 진행에 필요한 리더십을 제공하였다.

(3) MP 및 사업계획서 수립

MP 및 사업계획서는 주한미군기지 평택이전의 성격, 방향과 전략, 우선순위를 제시함으로써, 기지 이전 사업의 효율성과 신속성을 확보할 수 있었다. 또한 기지 이전 사업의 이전 대상 시설물의 사업 범위를 정하기 위해 1-N 리스트[21]를 마련하였다.

1-N 리스트를 수립함으로써, 이전 대상 시설물에 대한 정보를 체계적으로 관리하고, 기지 이전 사업에서 발생하는 다양한 이슈들을 빠르게 파악하고 대응할 수 있었다. 이를 통해 기지 이전 사업의 일정을 준수하고, 예산을 효율적으로 사용하여 기지 이전 사업을 성공적으로 진행할 수 있었다.

(4) PMIS 개발

주한미군기지 평택이전사업에서 2007~2008년까지 PMIS를 통해 관련 정보를 체계적으로 통합 및 관리함으로써, 한·미간의 사업과 관련된 정보를 찾아볼 수 있었으며, 의사결정과 계획수립에서도 높은 효율성을 가질 수 있었다. PMIS를 개발하고 이를 통해 프로그램에 사용되는 각각의 자원들이 어떻게 사용되고 있는지 파악할 수 있었다. 또한 다른 참여자들과 정보를 공유할 수 있고, 문제점을 공유하고 해결할 수 있었다.

---

21) 1-N 리스트란 2004년 미 국방부 시설단가 책정지침을 사용한 원가경험치를 기초하여 미측이 미군기지 이전사업에 필요한 총 예상비용을 이전 시설별로 추정한 금액을 의미한다.

(5) 표준운영절차서 SOP : Standard Operation Procedure 개발

YRP사업은 대규모 기반시설을 조성하고 600여동의 건축물을 신축하는 사업이며, 한·미가 합의한 용산기지이전협정Umbrella Agreement, UA, 용산기지이전 이행합의서Implementation Agreement, IA, 한·미 기술양해각서Engineering Memorandum of Understanding, EMOU가 요구하는 사항을 일관성 있게 충족해야 하는 도구가 필요하였다.

따라서 사업의 효율성을 높이고 사업관리자 및 이해당사자들의 역할과 책임을 명확히 함으로써 품질, 비용과 일정을 최적화할 수 있도록 아래사항 등에 대하여 표준운영절차서를 개발하여 적용하였다.

- Master Plan에 관한 사항
- 설계에 관한 사항
- 시공에 관한 사항
- 프로그램 종결에 관한 사항

2) 프로그램 인도 Program Delivery

(1) 개별 프로젝트 착수

주한미군기지 평택이전사업에의 다수의 개별 프로젝트를 착수하기 위해서 프로그램 관리 계획에 따라 프로젝트의 목표와 범위, 일정, 예산, 이해관계자 및 프로젝트팀 구성을 결정하였다. 이를 통해 프로젝트의 방향성과 목표를 설정하고, 프로젝트를 성공적으로 완료하기 위한 개별 프로젝트 계획을 수립하고 프로젝트 승인을 얻어 개별 프로젝트 계획이 수립되었다. 주한미군기지 평택이전사업의 건축물 프로젝트는 초등학교가 2011년에 처음으로 계약되었으며, 비용일정통합관리 계획에 의하여 순차적으로 또는 병행하여 프로젝트를 착수하였다.

(2) 설계

개별 프로젝트는 미측의 요구사항 분석을 위해 DD1391을 기초로 CP를 개발하여 프로젝트 설계에 필요한 정보를 수집하고, 설계의 방향을 정해 미측이 30% 설계를 마련하였다. 다만 특정한 프로젝트는 미측이 100%까지 설계를 완료하였다.

이후, 한측에서 60~100% 설계 검토 후 설계도서를 구체화하였다. 구체화된 설계는 한측과 미측의 승인을 거쳐서 발주하는 순으로 진행하였다.

설계단계의 주요 사업관리 활동은 아래와 같다.

- 설계 착수회의
- 기본설계 워크숍
- PMC 설계 품질 검토(도면, 시방서, 설계 분석, 내역서 등)
- FED 설계 품질 검토(도면, 시방서, 설계 분석, 내역서 등)
- 품질검토 결과 코멘트 사항 반영 여부 확인
- 코멘트 사항 종결
- 공사용 설계도서 확인

(3) 조달

개별 프로젝트에 필요한 장비, 물자, 서비스 등을 확인하고, 조달 방식을 결정하였다.

입찰공고, 입찰서 접수 및 평가를 통해 역량, 경험, 기술 등을 검토하여 적절한 입찰자를 선정하였다. 계약 체결 후 계약의 이행 상황을 모니터링하고, 계약 조건에 따라 업체들이 프로젝트를 진행하도록 관리하였다.

조달방식은 설계 및 시설 규모, 특성에 따라서 아래와 같은 3개의 조달방식 중 가장 적합한 방식을 선택하였다.

- DBBDesign Bid Build 조달 방식 : 발주자가 작성한 100%설계와 입찰 안내서를 근거로 입찰하는 방식
- CPTP Criteria Package Technical Proposal 기본설계 기술제안 조달 방식
: 발주자가 작성한 기본설계(30%)와 입찰안내서를 근거로 입찰자가 기술 제안서를 작성하여 입찰서와 함께 제출하는 입찰 방식
- DDTPDetailed Design Technical Proposal 실시설계 기술제안 조달 방식
: 발주자가 작성한 실시설계서(100% 설계) 및 입찰안내서를 근거로 입찰자가 기술제안서를 작성하여 입찰서와 함께 제출하는 입찰 방식
- Site Adaptation 조달 방식 : 병영숙소, 가족 숙소 등은 미측에서 모든 부대에 적용하고 있는 표준도서(100%)를 기준으로 건설하도록 되어 있으므로 프로젝트마다 상이한 현장 조건만 적용하여 입찰하는 방식

(4) 시공

한측은 시공을 위해 필요한 자재와 장비를 확보하고, 시공 준비를 완료한 후에 시공을 수행하였다. 이 단계에서는 일정과 공법을 검토하고 시공 과정에서는 안전 및 환경과 보안 이슈를 고려하여 작업을 수행하며, 시공이 완료된 후, 시공한 결과물을 검수하고 테스트하였다. 이 단계에서는 시공 결과물이 미측의 프로젝트 목표와 요구사항을 충족하는지 확인하였다. 작업이 완료된 후에는 준공검사를 수행하였으며, 이를 통해 최종적으로 미측의 승인을 받아 프로젝트가 완료되었다.

시공은 시공 착수 단계, 시공 단계, 준공 준비단계로 구분하여 사업관리 활동을 실시하였다.

[시공 착수 단계]

- 건설 사전 회의
- 가설 사무실 계획
- 합동 부지 조사
- 굴착 시공 허가 계획
- 비용일정 관리 계획
- 보안관리(C4I) 계획
- 자재 장비 승인 요청 계획
- 안전보건환경 계획
- 폐기물 처리계획
- 품질관리 계획
- 지급자재 및 장비 계획

[시공 단계]

- 주간 또는 월간 회의
- 비용일정 통합관리
- 사용자재, 장비 승인
- 변경 관리
- 리스크 관리
- 품질 관리
- 보안 관리(C4I)

- 안전보건 환경 관리
- 계약 관리
- 재무 관리
- 설계관리
- 기성 대가 지급
- 시운전 및 검사 관리

[준공 준비 단계]

- 결함사항 조치 결과 확인
- 유지관리 계획서 및 매뉴얼
- 유지관리 교육
- 시운전 보고서
- 준공도면
- 준공검사

(5) 개별 프로젝트 인도

개별 프로젝트는 준공검사를 통과한 후, 인수인계를 진행하였다. 이 단계에서는 프로젝트에 참여한 모든 이해관계자가 참석하였으며, 프로젝트 결과물은 한·미 간 합의에 따라 인도하였다.

3) 프로그램 종결 Program Closure

(1) 인터페이스 관리

개별 프로젝트들의 완공과 인도를 조율하고 전체 프로그램에서 시공되고 있는 개별 프로젝트들의 인터페이스를 관리하였다. 개별 프로젝트가 완공되기 전에 먼저 기반 시설 공사가 완료되어 개별 프로젝트가 가동되는 데 문제가 없도록 관리하였다.

(2) 행정적 종료

종결 단계에서는 프로젝트 및 프로그램 팀 해체, 다른 이해당사자들의 활동 완료, 잔여 자금 처리, 그리고 프로젝트 및 프로그램 성공과 실패에 대한 교훈을 작성하였다. 개별 프로젝트의 설계 및 시공을 종료하기 위한 각각의 계약 기간들과 조건에 명시된 절차를 따라 수행하였다.

(3) 시설관리 및 하자보증 관리

시설관리 계획을 시작할 때 직원들의 교육 훈련을 포함하여 수행하였다. 또한 완공된 프로젝트와 프로그램 결과물의 운영개시와 동시에 적절한 직원 및 자원 배치가 될 수 있도록 수행하였다. 프로젝트 및 프로그램 종결 시 하자보수를 위해 필요한 자재, 물품 목록을 인수인계하였다. 또한 유지관리 매뉴얼과 준공도면, 여유자재 리스트를 작성하여 사용부대 및 시설대로 인계하였다. 하자보증관리는 시설 인계 후 최소 2년간 유효하였으며, 특수 건설자재의 경우, 제작자의 보증기간이 2년을 초과하면 그 시설에 대한 보증 기간은 해당 특수자재를 위한 보증기간으로 하였다.

사업관리 컨소시엄은 하자보수를 수행하기 위한 적절한 시점에 하자보수 이행 회의를 개최하고 하자 보수계획을 수립하고 식별된 하자 보수를 통해 사용자를 만족시키도록 노력하였다.

(4) 프로젝트 및 프로그램 종결

프로젝트 및 프로그램 종결 전에는 그 성과를 평가하여 프로젝트 및 프로그램이 계획한 목표를 달성했는지, 예산 및 일정 등을 준수했는지 등을 평가하였다. 평가 이후, 프로젝트 및 프로그램 성과 보고서를 작성하고 문제점, 개선 사항 등을 종합적으로 정리하여 보고서를 작성하였다. 이를 통해 향후 프로젝트 및 프로그램에 적용할 수 있는 노하우를 쌓을 수 있었다.

4) 사업추진과정 총괄흐름도 Master Flow Map 작성

주한미군기지 평택이전사업의 성공적인 수행을 위해서 전체적인 업무 흐름과 세부 내용을 체계적으로 파악할 수 있도록 사업추진과정 총괄흐름도Master Flow Map를 작성하였다.

사업추진과정 총괄흐름도는 주한미군기지 평택이전사업의 특성을 반영하여 17개의 사업관리 기능으로 분류하였다. 각각의 사업관리 기능은 통합관리, 리스크관리, 행정관리, 의사소통관리, 계약관리, 인사관리, 공정관리, 사업비관리, 자재구매관리, 자료관리, 품질관리, 안전환경보건관리, 보안관리, 설계관리, 시공관리, 시운전/검사관리, 클레임관리 등으로 구성하였다.

10.4 교훈 및 시사점

주한미군기지 평택이전사업 수행사례를 통하여 다음과 같은 교훈 및 시사점을 도출하였다.

1) 사업 초기 단계부터 PgM 방식 도입

대규모 사업은 매우 복잡하고 불확실성이 높다. 따라서 리스크를 최소화하기 위해서 PgM을 사업 초기 단계부터 도입하여 사업의 성과를 극대화할 필요가 있다.

2) 비용일정통합관리 Cost and Schedule Integrated Management 22) 도입

PgM을 효율적이고 효과적으로 수행하기 위해서는 여러가지의 핵심관리 요소를 선정하고 관리기법을 적용하며 실현하여야 한다.

주한미군기지 평택이전사업은 비용일정 통합관리 방식을 도입 적용함으로써 다양한 이슈들을 적기에 신속히 파악하였고 사업일정과 비용을 최적화시킴으로서 발주자가 요구하는 목적물의 가치를 실현할 수 있었다.

3) 대규모 국방·군사시설 이전으로 지역사회의 상생 도모

국방·군사시설 이전사업 추진을 통해 지역사회 발전을 도모할 수 있으며, 이전 후 종전 부지는 지자체 등에 공공의 목적으로 반환하여 주민들에게 다양한 혜택을 제공하며 지역사회 발전을 촉진할 수 있다.

4) 이전사업의 공론화와 소통 강화

국방·군사시설 이전사업의 원활한 진행과 이전되는 지역의 지지를 얻기 위해서 지자체와 정부는 이전사업의 진행 과정에 대한 정보를 공론화하고 지역 사회와의 소통을 강화할 필요가 있다.

22) 비용일정통합관리란 모든 인프라 및 공공시설(Infrastructure and utilities)과 건축물에 시설물번호체계(Facility numbering system)를 부여하고 각 시설물의 작업활동을 세분(Work Breakdown Structure)하여 작업기간을 설정하며, 작업기간에 상응하는 비용을 배분(Cost Breakdown Structure)하여 사업관리를 위한 비용과 일정의 통합관리 기준선을 설정한 후, 작업이 진행되는 실적을 반영하여 계획과 실적을 대비 분석하는 관리기법이다. 비용일정통합관리는 매월 또는 필요시 자료를 최신화(updating)한다.

5) 국방·군사시설 이전사업 사례의 철저한 분석

그동안 대규모 국방·군사시설사업이 많이 수행되었으며, 앞으로도 도심의 발달로 인해 대규모 국방·군사시설 이전사업이 점차 확대될 수 있다. 국방·군사시설 이전사업은 대규모 예산이 투입되는 사업으로 예산을 효율적으로 사용하고 국민의 편익 증대를 충족해야 한다.

한정된 자원을 효율적이고 효과적으로 집행하기 위해서는 대규모 국방·군사시설 이전사업의 사례를 철저히 분석할 필요가 있다.

6) 이전사업의 성과 모니터링과 정량적 평가

국방·군사시설 이전사업의 종결로 사업을 끝낼 것이 아니라, 국방·군사시설 이전에 따른 인근 지역 발전, 인구 유입 정도, 지역의 경제발전, 종전 부지 개발 등에 대한 모니터링을 통해 국방·군사시설 이전사업의 성과를 정량적으로 평가할 필요가 있다.

04

1부는 건설엔지니어링의 현황, 건설엔지니어링의 문제점 및 개선방안을 제시하였다.

2부는 건설사업관리CM와 프로젝트 관리PM, 그리고 프로그램 관리PgM에 대한 각각의 정의, 업무 내용, 프로세스 그리고 그들간의 차이점을 비교분석하였고 건설사업관리의 계약방식, 건설사업관리자의 역량과 가치실현에 대해 알아보았다.

3부는 건설사업관리 사례 중에서 PgM으로 수행된 인천국제 공항 프로젝트와 주한미군기지 평택이전사업 프로젝트 사례를 통해 시사점을 분석하였다.

4부는 건설사업관리의 성공 전략을 제시한다.
건설사업관리는 프로젝트의 용도, 규모(위치 및 면적), 사업 기간, 사업비, 품질수준 등의 특성에 따라 관리기술의 가변성을 요구한다.
그러나 기본적인 접근 방법은 누가, 무엇을, 언제, 어디서, 왜, 어떻게5W1H가 결합된 기본 틀 속에서 효율적이고 효과적인 관리를 통하여 목적물의 가치를 창출하는데 목적을 둔다.

part4

제 4 부 건설사업관리의 성공전략

본 서는 건설사업관리의 많은 요소 중 아래의 핵심요소Core Factor를 중심으로 무엇을 해야 하는가What to do에 초점을 맞추어 건설사업관리의 성공전략을 제시한다.

- 사람들People
- 프로세스Process
- 결과물Product
- 디지털 전환Digital Transformation

제11장 사람들People은 이해관계자, 의사소통, 핵심역량, 역할과 책임, 팀워크, 파트너십, 문제 해결 등에 대한 각각의 개념을 정의하고 해야할 활동을 제시한다.

제12장 프로세스Process는 프로젝트의 생애주기인 기획단계, 실행단계, 모니터링 및 통제단계, 종결단계, 유지관리단계에서 수행해야 할 개념을 정의하고 각 단계에서 업무활동을 제시하며, 외부 환경과 내부 환경의 변화에서 발생하는 공급망, 조직, 규정, 도면 등의 변경이 유발하는 복잡성, 다양성, 포괄성, 변화성에 대응한 비용일정통합관리 및 지시·주도 혼합형 관리를 통한 최적화 관리를 제시한다.

제13장 결과물Product은 최고의 결과물 창출을 위해 범위 중심, 요구사항 중심, 품질 중심, 가치 중심의 사업관리 전략을 제시한다.

제14장 디지털 전환Digital Transformation은 4차 산업혁명 시대가 나아가는 방향에 부응하여 건설정보모델링, 공장생산형 건축, 로봇 프로세스 자동화, 디지털 트윈, 사물인터넷, 사업관리정보시스템 등의 디지털 정보기술 적용 전략을 제시한다.

이상에서 설명한 바와 같이 본서는 「건설사업관리의 성공전략」으로 "3P & DX Model"을 제시하며 그 프레임 워크는 우측의 [자료 4-1] 과 같이 표현할 수 있다.

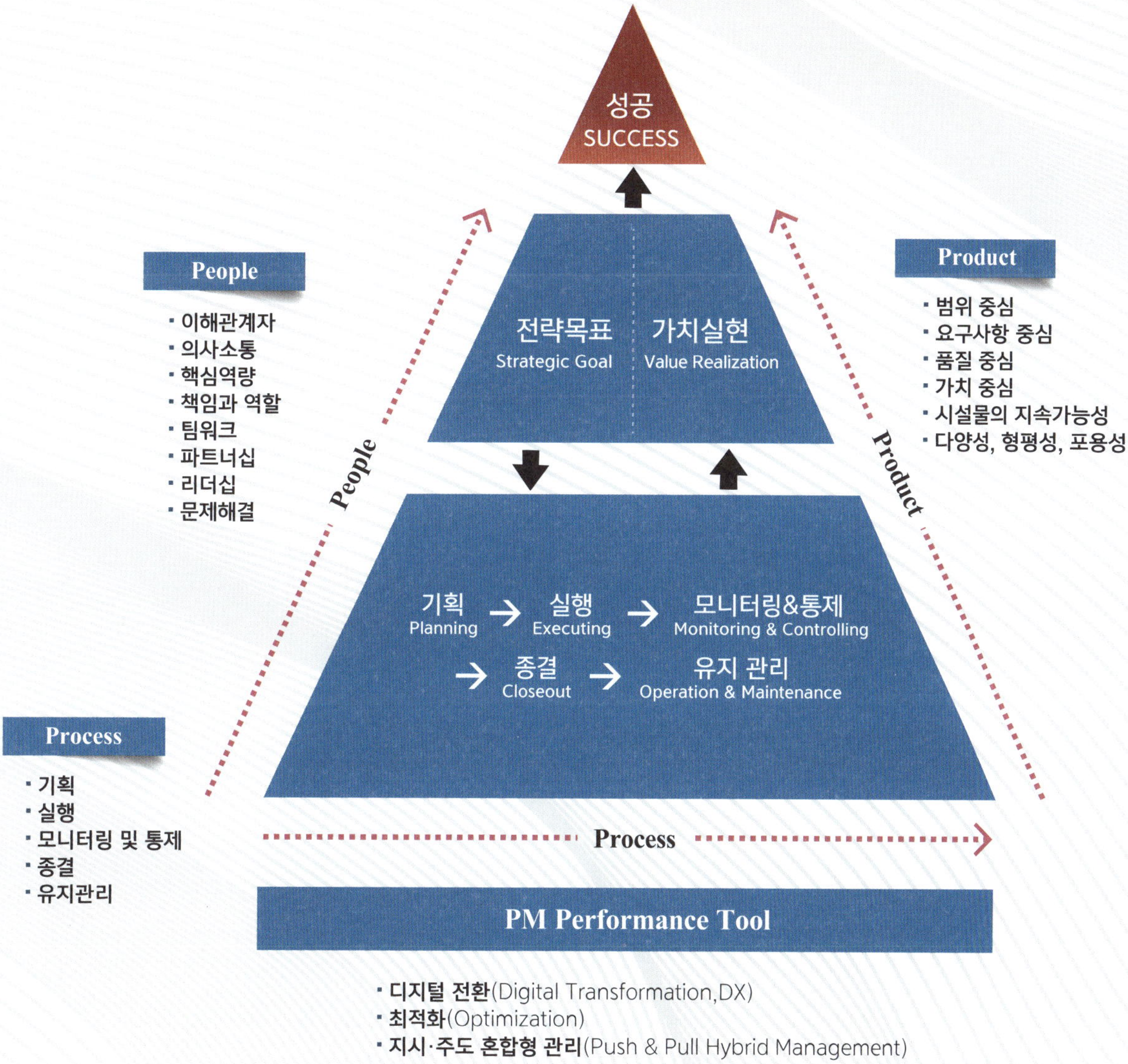

[자료 4-1] 건설사업관리의 성공 전략

chapter 11

사람들 (People)

제 11 장
사람들 (People)

이 장에서는 건설사업관리의 가치를 실현하기 위해서 결과물Product을 만들어 가기 위한 업무방식/프로세스Process를 실행하는 **사람들**People에 관한 내용을 다룬다.

프로젝트는 사람에 의해 그리고 사람을 위해 수행되기 때문에 프로젝트를 성공으로 이끌기 위해 프로젝트의 시작부터 끝까지 **이해관계자, 의사소통, 핵심역량, 역할과 책임, 팀워크, 파트너십, 리더십을 통하여 문제해결**에 관심을 기울여야 하며, 지시·주도 혼합형 관리Push & Pull Hybrid Management 세부사항(제12장 12.2, 3) 참조)을 통하여 효율을 극대화하고 비용 절감, 가치 창출, 발주자 또는 고객의 요구사항, 환경과 사회적 요구사항을 충족하여야 한다.

[자료 4-2] 건설사업관리의 성공전략(사람들)

11.1 이해관계자Stakeholders

건설사업관리에서 이해관계자란 건설사업의 생애주기 동안에 걸쳐, 사업에 직·간접으로 영향을 미치는 직접인력과 간접인력을 모두 포함하는 용어이다.

PMI에서는 이해관계자를 프로젝트에 적극적으로 참여하거나 프로젝트 성과 또는 결과에 따라 이해관계 측면에서 긍정적 또는 부정적 영향을 받을 수 있는 개인이나 조직으로 정의했다. 따라서 건설사업관리에서 이해관계자는 발주자(또는 고객), 사용자(또는 운영자), 프로젝트팀원, 건설사업관리자, 경영진, 정부기관, 지역 주민, 공급자 등을 포함한다.

이해관계자의 필요와 기대를 만족시키기 위해서는 이해관계자의 참여Engagement가 중요하다. 성공적인 이해관계자 참여를 위해서는 역할의 명확성, 리스크 최소화, 편익 및 성과에 집중하는 것이 중요하다. 이해관계자 참여를 위해서는 이해관계자를 파악하고 이해관계자의 역할과 영향을 파악하여 문서화하고 이해관계자에 대한 우선순위를 부여하여야 한다. 그리고 이해관계자와 의사소통 계획을 수립해야 효과적인 이해관계자 참여를 이행할 수 있다.

11.2 의사소통Communication

건설사업관리에서의 의사소통은 프로젝트 정보를 적기에 적절히 기획, 수집, 생성, 배포, 저장, 검색, 관리, 모니터링 및 통제, 그리고 최종처리를 하기 위해 필요한 프로세스들을 포함한다. 건설사업관리자는 대부분의 시간을 프로젝트 팀원, 조직 내부(조직의 모든 계층) 또는 외부의 프로젝트 이해관계자들과 의사소통하는 데 사용한다.

효과적 의사소통은 프로젝트 실행이나 결과물에 영향을 주는 서로 다른 문화와 조직 배경, 전문성 수준의 차이, 른 관점과 이해사항을 가진 다양한 이해관계자들 간에 연결 역할을 한다.

건설사업관리를 수행하는 과정에서 마찰과 실패, 비효율성들이 대부분 부족한 의사소통에 기인하기 때문에 효과적인 의사소통이 중요하다. 예를 들어, 설계 도서의 잘못된 해석, 변경 지시의 오해, 인도 일정의 착오, 작업지시서의 수행 오류 등이 포함될 수 있다. 따라서 건설사업관리의 의사소통은 프로젝트 이해관계자들과의 신뢰 및 원활한 관계를 맺고 유지하여 건설사업관리를 성공적으로 완료하는 데 필수적이다.

11.3 핵심 역량Core Competence

역량Competence이란 단어는 1970년 초 심리학자 David McCleland에 의해 처음 소개되었다. 그는 역량이란 평균 수준의 직무자와 높은 고성과자를 구별해 주는 행동들을 설명하는 내적 특성이며 직원들이 직무를 수행하는데 있어 지능보다는 역량이 실제 성과에 더 큰 영향을 미친다고 했다. 여기서 중요한 것은 역량은 성과Performance에 기반한다는 점이다. 역량은 아래 [자료 4-3]에서 보는 바와 같이 고성과자와 평균 수준의 성과자 간의 성과 차이 즉 갭Gap을 의미한다.

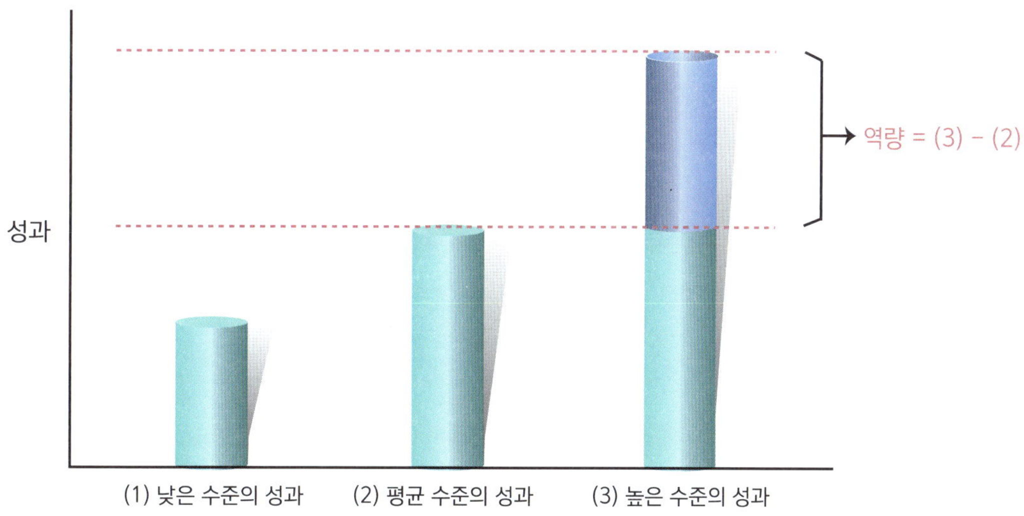

[자료 4-3] 핵심 역량의 성과

역량은 개인 직무역량, 팀 역량, 그리고 조직의 역량으로 구분할 수 있다.

개인 직무역량은 어떠한 구성원이 그 직무(또는 일)를 수행하기 위해, 필요한 최소 기본 지식Knowledge, 기술Skills, 능력Ability을 의미한다.

팀 역량이란 목적 달성을 위해 모인 개인들의 집단적 성과를 다룬다. 서로 다른 조직의 구성원들이 특정 프로젝트에 참여하기 위해 제안서를 작성하거나 협업하여 팀 과제를 해결하는 것 등을 예로 들 수 있다.

조직의 역량이란 기업의 비전과 목표 달성을 위해 요구되는 거시적 역량을 의미한다. 이러한 예로는 전 직원 또는 건설사업관리 책임기술인의 워크숍을 통해 프로젝트 경험을 공유하고 향후 프로젝트에 응용할 수 있도록 정보를 교환한다.

건설사업 관리자의 핵심 역량은 특정 건설사업관리 실행을 위하여 해당 참여자에게 요구되는 기술 역량을 말한다. 건설사업관리 참여자의 핵심 역량에는 건축, 토목, 기계, 전기, 소방, 통신 등의 하드 역량Hard Skills과 통합, 범위, 원가, 일정, 품질, 안전, 구매/조달, 리스크 등의 프로젝트 관리 기술, 그리고 팀워크Teamwork, 문제해결Problem Solving, 협상Negotiation, 갈등관리Conflict Management, 협업Collaboration, 인간관계Human Relations, 의사소통Communication, 네트워킹Networking, 리더십Leadership, 파이낸싱Financing, 마케팅Marketing 등의 소프트 역량Soft Skills으로 정리할 수 있다.

11.4 역할과 책임 Roles and Responsibilities

건설사업관리 계획이 제아무리 상세할지라도 참여자의 역할과 책임에 혼동이 발생하면 큰 문제가 발생하기 마련이다. 건설사업관리를 단순하고 효과적으로 관리하는 역할과 책임을 구분하는 방법으로 'RACI Responsible, Accountable, Consulted, Informed 차트'가 있다. RACI 차트란 협업을 위해 업무 활동에 대한 참여자별 역할과 책임 분배에 필요한 프레임워크라고 정의할 수 있다. RACI 차트를 적용하기 위해서는 주요한 과업의 핵심 업무 활동을 목록화하고 누가 책임R을 지며 누가 책무A를 다하고 적절한 곳에서 누가 컨설팅C 또는 정보I를 필요로 하는지 명확히 하는 것이 중요하다.

RACI는 이해관계자들이 건설사업관리에서 담당할 수 있는 4가지 역할의 두문자어이다.

1) 책임 Responsible

건설사업관리의 "실무자"인 사람 또는 관련자를 말한다.

이들은 반드시 과업 또는 목표를 완수하거나 의사결정을 할 수 있으며, 책임은 사람들이 공동으로 질 수 있다.

2) 책무 Accountable

건설사업관리의 "소유자"인 사람 또는 관련자를 말한다.

이 사람은 반드시 과업, 목표, 의사결정이 완료되었을 때 승인이나 승낙의 책무를 지며, 관련 업무 활동에서 책임이 할당될 수 있도록 해야 한다. 프로젝트 또는 프로그램을 성공적으로 수행하기 위해서는 한 사람만이 책무를 담당해야 하며 그 사람이 바로 "책임을 지는 사람"이 되어야 한다.

3) 컨설팅 Consulted

건설사업관리를 처리하고 승인하기에 앞서 투입요소를 제공해야 하는 사람 또는 관련자를 말한다.

이런 사람들은 "중심 인물"이며 능동적인 참여자이다.

4) 정보 Informed

정보를 주고받는 사람들은 "관련"되어야 하는 사람 또는 관련자를 말한다.

그들은 진척 상황 또는 의사결정에 관한 업데이트를 필요로 하지만 공식적인 컨설팅을 필요로 하거나 과업 또는 의사결정에 직접 기여할 필요는 없다.

RACI 모델은 프로젝트 활동과 결과물에 이해관계자를 통합함으로써 건설사업관리의 결과를 향상시키고 개선하는 강력한 시너지 효과를 얻을 수 있다.

건설사업관리에는 사업을 성공적으로 수행하기 위해 중요한 성공의 요인Critical Success Factor, CSF이 반드시 있다. CSF는 각 건설사업관리 참가자와 핵심 관련자들의 역할과 책임에 관한 명확성을 의미한다. 건설사업관리 계획이 얼마나 세부적이고 완전하냐에 상관없이 참여자의 역할과 책임의 혼동 또는 누락은 중요한 문제를 발생시킨다.

주한미군기지 평택이전사업에서도 사업 초기 단계에 건설사업관리의 역할과 책임을 정의하고 문서화하기 위해 사용한 접근방식은 RACI 차트를 적용하였다.

주한미군기지 평택이전사업에서의 계획단계, 설계단계, 시공단계, 종결단계에서 다양한 업무 활동 중 종결단계 RACI 차트에서 업무 활동별 이해관계자의 책임을 [표 4-1]과 같이 정의하였다.

<table>
<tr><th rowspan="2">활　동 Activities</th><th colspan="4">이해관계자 Stakeholders</th></tr>
<tr><th>발주자</th><th>PMC</th><th>계약자</th><th>사용자</th></tr>
<tr><td>종결회의 Red zone meeting</td><td>C</td><td>R</td><td>C</td><td>C</td></tr>
<tr><td>계약자의 완료 검사 Contractor's completion inspection</td><td>C</td><td>A</td><td>R</td><td>I</td></tr>
<tr><td>시운전 Commissioning</td><td>C</td><td>A</td><td>R</td><td>I</td></tr>
<tr><td>예비검사 Pre-final inspection</td><td>A</td><td>R</td><td>I</td><td>C</td></tr>
<tr><td>최종검사 Final inspection</td><td>C</td><td>A</td><td>R</td><td>I</td></tr>
<tr><td>유지관리 계획 Q&M plan</td><td>C</td><td>A</td><td>R</td><td>I</td></tr>
<tr><td>유지관리 매뉴얼 마련 Q&M manual</td><td>C</td><td>A</td><td>R</td><td>I</td></tr>
<tr><td>유지관리 교육 O&M training</td><td>C</td><td>A</td><td>R</td><td>C</td></tr>
<tr><td>종료 제출물 Closeout submittals</td><td>C</td><td>A</td><td>R</td><td>I</td></tr>
<tr><td>보증 이행 Warranty implementation</td><td>A</td><td>I</td><td>R</td><td>C</td></tr>
<tr><td>준공도면 As built drawings</td><td>C</td><td>A</td><td>R</td><td>C</td></tr>
<tr><td>교훈 정리 Lessons learned</td><td>C</td><td>A</td><td>R</td><td>I</td></tr>
<tr><td>계약적 종결 Contractual closure</td><td>A</td><td>R</td><td>C</td><td>I</td></tr>
<tr><td>하자보증 검사 Warranty inspection</td><td>A</td><td>I</td><td>R</td><td>C</td></tr>
</table>

[표 4-1] 주한미군기지 평택 이전사업 종결단계의 RACI 차트 예

주한미군기지 평택이전사업에서 이해관계자는 발주자MURO, FED, LH, 프로그램 관리 컨소시엄PMC, 계약자, 사용자 등 4개 그룹으로 구분할 수 있다.

발주자는 PMCProgram Management Consortium의 사업관리와 건설관리에 관한 제반 업무, 사업 집행을 감독하고 감독 간 발견된 부적합 사항은 계약자가 시정 조치할 수 있도록 문서로 만들어 PMC에 제공하며, 그 부적합 사항이 시정될 때까지 해당 작업을 중단할 수 있다. 또한 건설공사가 안전성, 일정 범위 및 예산 범위 내에서 설계도서와 시방서에 따라 수행되어 인명, 건강, 안전, 보안 요구사항에 부합되는지 PMC의 업무를 감독한다.

프로그램 관리 컨소시엄PMC은 계획단계, 설계단계, 시공단계, 종결단계 등 목적물의 생애주기Life Cycle 전 단계를 관리·감독하며, 특히 계약자가 제출한 제출물을 검토 및 승인하고 종결회의, 예비/최종검사, 계약적 종료 업무 활동을 주관한다.

계약자는 시공단계 및 종결단계의 시공과 품질관리 등을 수행하며 상세 시공도면, 자재 샘플 및 자재/장비의 제출물을 작성하여 PMC에 제출하는 역할을 수행한다.

사용자는 시설물 인수 및 유지관리, 하자보수 업무를 수행하고 종결단계에서는 종결회의, 예비검사, 최종검사에 참여하고 준공된 시설의 하자를 점검하는 역할을 수행한다.

11.5 팀워크 Team Work

팀워크는 건설사업관리 성공의 결정적인 요인이다. 건설사업관리자는 프로젝트팀 관리 및 리더십, 팀 개발, 동기부여, 협업, 대인관계 기술 등을 통해 팀워크를 향상시킬 수 있다.

1) 프로젝트팀 관리 및 리더십 Project Team Management & Leadership

프로젝트팀 관리 활동은 효과적인 프로세스, 계획, 조정, 측정 등 프로젝트 목표 를 달성하기 위한 수단에 중점을 두며, 리더십 활동은 사람들에 중점을 맞춘다.

리더십에는 구성원들에게 동기를 부여하고 의견을 경청하는 것을 포함하여 프로젝트 팀과 함께 수행하는 활동을 포함한다. 작업을 수행하는 과정에서 사람들 간의 협력이 작업을 효과적으로 수행하는 것이다. 팀 협업은 모든 건설사업관리의 기초가 된다.

2) 팀 개발 Team Development

공식 및 비공식 의사소통을 통해 신뢰를 구축한다. 팀 개발에는 모든 사람이 비전과 목표를 인식하는 것이 필수적이다. 프로젝트 팀원들은 자신의 역할을 이해하고 책임을 완수하는 것이 중요하다. 또한 팀 개발은 지식과 기술의 차이를 파악하고 지도, 지원, 교육 등을 통해 팀원들 간의 격차를 해소하는 전략이 필요하다. 프로젝트 관리 매뉴얼, 절차서를 개발하여 프로젝트팀을 운영하고 프로젝트팀은 협업을 통해 성과를 극대화할 수 있다.

3) 동기부여 Motivation

동기부여란 프로젝트팀원이 프로젝트와 그 결과물의 성과에 전념할 수 있도록 하는 원동력을 부여하는 것이다. 동기부여 인자에는 개인의 성장과 신념, 도전정신, 성취감, 자기주도 및 자율성, 조직에 대한 유대감, 책임감과 보상 등을 들 수 있으며 단 한 가지 요인에 의해 동기부여가 되지는 않는다. 팀원들에게 효과적으로 동기를 부여하려면 구성원의 동기부여에 지배적인 요인을 파악하는 것이 도움이 된다.

개별 선호도에 따라 동기부여 방식을 조정하면 개인 및 팀이 성과를 끌어내는 데 도움이 될 수 있다.

4) 협업 Collaboration

협업은 두 명 이상의 사람들이 조직의 공통 목표 달성을 위해 생각과 아이디어를 공유하며 함께 일하는 것이다. 성공적으로 협업을 하기 위해서는 명확한 의사소통, 효율성, 긍정적 태도, 책임감 등이 필요하다.

5) 대인관계 기술 Interpersonal Skills

프로젝트에 자주 사용되는 대인관계 기술에는 감성지능, 의사결정, 갈등해결 등이 있다.

감성지능Emtional Intelligence은 우리 자신의 감정과 다른 사람의 감정을 인식하는 능력이다. 특히 타인의 감정에 공감하는 적절한 행동 능력은 효과적인 의사소통, 협업, 리더십의 토대이다. 프로젝트는 사람에 의해 수행되기 때문에 프로젝트 환경에서 다른 사람과 관계를 유지하는 감성지능은 리더십의 기본이다.

의사결정Decision-making은 프로젝트를 기획에서부터 수행, 종료될 때까지 여러 대안 중에서 하나 의 활동이나 행동을 선택하는 것을 의미한다. 모든 의사결정의 과정은 하나의 최종적 선택을 하게 된다. 의사결정에 있어 가장 중요한 특징은 불확실성이다. 또한 사람들은 의사결정 과정에서 잠재적으로 개인이 가지고 있는 확증편향Confirmation Bias에 의해 결정하는 특징이 있다.

갈등해결Conflict Resolution은 프로젝트에 참여하는 이해관계자들 간에 발생하는 이익충돌, 프로젝트의 일정 지연과 비용 증가, 품질향상 등과 관련하여 이해관계자들의 만족도를 향상시키는 것이다.

11.6 파트너십Partnership

파트너십은 두 개체 또는 그 이상의 개체가 협력 관계를 맺고 상호 이익을 추구하는 것을 의미한다. 이는 비즈니스, 조직, 개인 간의 협력을 포함할 수 있다. 파트너십은 상호 신뢰, 협력, 공유된 목표에 기반하여 형성되며, 각 개체는 자원, 전문 지식, 경험 등을 나누어 상호 보완하고 협력하여 성공을 이루어낸다.

건설사업관리가 진행되는 동안 파트너십은 다양한 형태로 나타날 수 있다. 기업 간의 파트너십은 비즈니스 확장, 기술 공유, 시장 개척 등을 위한 협력을 의미할 수 있다. 비즈니스 파트너십은 상호 협력과 지원을 통해 경쟁력을 향상시키고 새로운 기회를 모색하는 것을 목표로 한다. 또한, 조직 내부에서 파트너십은 다른 부서나 팀 간의 협력을 강화하고, 정보공유 및 협업을 촉진하여 조직 전체의 성과 향상을 도모한다.

파트너십은 상호 간의 이익을 극대화하기 위해 협력과 윈-윈 관계를 추구하는 것이 중요하다. 이는 상호 간 소통, 리스크와 보상의 공정한 분배, 상호 존중과 신뢰를 기반으로 이루어진다. 파트너십은 성공적인 협력과 협업을 통해 개인과 조직의 성장과 발전을 이루는 중요한 전략적 도구이다.

11.7 리더십 Leadership

리더십이란 도전적인 기회 속에서 비전을 명확히 세워 현실을 돌파해 나가기 위해 조직과 사회를 동원하는 활동을 의미한다. 리더십의 본질은 '성과'의 달성에 있다. 성공적인 리더십은 어떤 상황에서든 사람들에게 영향을 주고 동기를 부여하고, 지도하고, 지원할 수 있다. 효과적인 리더십은 건설사업관리 성공을 촉진하고 궁극적으로 프로젝트 성과에 기여할 수 있다. 잘 진행되는 프로젝트는 프로젝트팀, 개별 프로젝트 팀원 및 기타 이해관계자들이 서로 잘 소통한다. 각 프로젝트팀원은 공통의 비전을 가지고 결과물의 인도에 집중하며, 성과를 달성할 수 있다. 반면에 잘못된 방향으로 진행되는 프로젝트는 프로젝트팀원들 간의 달성하고자 하는 목표에 대한 공통된 인식이 부족하고, 팀원들 간 소통이 부족하며 이해당사자 간 충돌과 혼란이 발생한다. 따라서 프로젝트를 성공적으로 수행하기 위해 리더는 프로젝트팀원에게 목표와 동기를 부여하고 역할과 책임을 설정할 필요가 있다. 프로젝트 성과 달성을 위해서는 프로젝트 리더는 성실하고 솔선수범하며 청렴하고 신뢰성과 규정을 준수하는 스튜어드십Stewardship을 갖출 필요가 있다.

건설사업관리에서 리더십은 사업관리자나 리더에게 요구되는 역량으로 다음과 같이 경청, 의사소통, 시스템적 사고, 포용력, 변화관리력과 같이 역량이 요구된다.

1) 경청 Listening

상대방과 원활한 소통을 위해 사용되는 기술로 남의 말을 귀 기울여 주의 깊게 듣는 것을 의미한다.

2) 의사소통 Communication

프로젝트 이해관계자들이 원하는 정보와 요구를 충족시키기 위해 그들의 요구에 맞춰 의사소통 내용과 방법에 대한 전략을 수립하고, 그 전략을 기반으로 구체적인 의사소통을 수행하는 것이다.

3) 시스템 사고 System Thinking

숲과 나무를 파악할 수 있는 체계적인 역량으로, 프로젝트의 전체적인 그림을 그릴 수 있고, 적절한 수준에서도 자세하게 볼 수 있는 깊은 인식력이다.

4) 포용력 Open-Minded

프로젝트팀원뿐만 아니라, 외부 프로젝트 이해관계자의 요구를 전반적으로 이해하고 수용할 수 있는 포괄적 능력이다.

5) 변화관리력 Change Management Capabilities

건설사업의 지속적인 환경 변화에 기존 전략을 지속해서 재검토하고 보완해 가는 능력을 말한다.

11.8 문제해결 Problem Solving

문제해결이란 프로젝트 중에 발생하는 장애물이나 결함을 식별하여 해결하는 프로세스이다. 문제해결 프로세스는 문제를 정의하고, 근본 원인을 식별하고, 브레인스토밍 및 테스트를 하고, 결과를 모니터링하는 과정을 의미한다.

효과적인 문제해결은 계획의 불확실성이나 계획 대비 결과에 미치는 영향을 최소화할 수 있다. 프로젝트가 진행되는 동안에 발생할 수 있는 문제는 아래와 같이 다양한 형태를 고려할 수 있다.

1) 설계, 자재 및 장비 조달, 인력 부족 등의 요인으로 인한 일정 지연 문제
2) 당초 수립한 건설계획의 변동으로 인한 예산 초과 문제
3) 근로자들의 기능 또는 재료 불량 등으로 인한 품질저하 문제
4) 불안전 시설이나 근로자들의 불안전 행위로 인한 안전 문제
5) 기타 건설과정의 환경오염 발생이나 법규 규정을 위반하는 문제 등

뿐만 아니라 결과물을 사용자에게 인도한 이후에도 언제든지 문제가 발생할 수 있다. 예를 들어, 특정 이벤트 행사에 맞춰 시설물을 건설하는 경우 진행되는 동안 발생된 이슈는 프로젝트 일정에 영향을 미칠 수 있다. 그리고 프로젝트 일정, 비용, 인력, 건설시장을 너무 낙관적으로 설정하는 경우 문제가 발생할 수 있다.

문제해결은 프로젝트 목표, 프로젝트 리스크, 의사소통 및 협업 관리, 일정과 비용

계획 등에서 발생할 수 있는 문제를 식별하고, 해결하고, 극복하는 것이며, 문제해결의 절차와 세부내용은 [표 4-2] 와 같이 요약할 수 있다.

문제해결 절차	세 부 내 용
1) 문제 정의	• 주요 이해관계자, 팀 구성원, 프로젝트 문서로부터 데이터와 정보 수집 및 분석
2) 근본 원인 분석	• 문제를 더 작은 구성 요소로 분해 • 성과에 가장 큰 영향을 미치는 문제의 근본 원인, 우선순위 선정
3) 잠재적인 솔루션 브레인스토밍	• 아이디어 브레인스토밍 • 아이디어 유형별 솔루션 분류
4) 잠재적인 솔루션 평가	• 솔루션별 비용, 실행시기, 타당성 등 평가 • 솔루션별 가중치 산정 (필요시 전문가 자문)
5) 실행 계획 결정	• 실행 계획 수립 • 해당 업무 활동에 예산 및 자원 할당
6) 실행 계획 실행	• 주요 이해관계자와 의사소통 • 실행 계획의 변경 사항에 대한 교육 및 실행
7) 결과 모니터링 및 추적	• 실행 계획에 대한 솔루션 성과 추적 • 결과에 대한 피드백

[표 4-2] 문제해결 절차와 세부내용

chapter 12

프로세스 (Process)

제 12 장

프로세스
(Process)

프로세스Process는 프로젝트의 생애주기인 기획단계, 실행단계, 모니터링 및 통제단계, 종결단계, 유지관리단계에서 수행하는 사업관리의 핵심적인 관리 과정과 활동을 말한다. 프로그램의 생애주기는 물리적 시간으로 짧게는 수 년, 길게는 10년 이상 장기간이 소요되는 특성을 지니고 있으므로 그 기간 동안 국내·외의 환경변화로 온난화 현상, 전염병, 지진, 전쟁, 홍수, 태풍 등으로 인한 물가상승과 자재, 장비, 인력 수급에 대한 불확실성이 상존한다. 이러한 문제점을 극복하기 위해서는 지시·주도 혼합형 관리방식Push & Pull Hybrid Management, 12.2, 3) 참조의 사업관리 기법을 통하여 프로젝트의 비용, 일정, 품질과 변경사항에 대한 문제점을 적시에 파악하고 대책수립 및 실행을 통하여 12.2의 6)에서 설명하는 "최적화 관리"를 실현해야만 사업관리를 성공시킬 수 있다. [자료 4-4] 참조

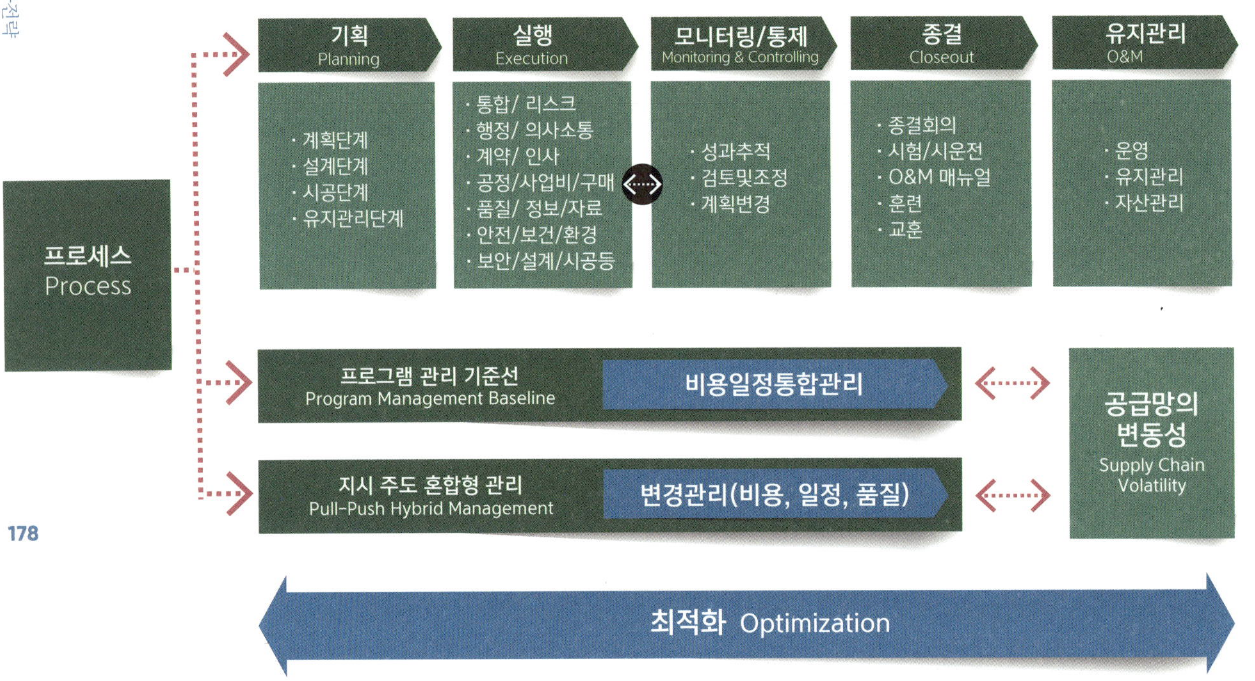

[자료 4-4] 건설사업관리의 성공전략(프로세스)

12.1 기획 Planning

건설사업의 기획은 전체 건설사업관리를 성공적으로 수행하기 위한 발판이 된다. 사업에 대한 기획이 없으면 전체 건설사업관리 프로세스의 첫 번째 중요한 단계를 놓치게 된다. 건설사업관리 기획을 명확하게 작성하면 모든 이해관계자가 건설사업관리의 방향과 자신의 책임을 파악할 수 있다. 사업을 실제로 시작하기 전에 건설사업관리에 필요한 자원을 갖추고 있는지도 확인할 수 있다.

건설사업관리의 기획은 프로젝트 생애주기에서 분석해 볼 때 변경비용은 낮지만, 비용 변경에 영향을 주는 능력은 크다. [자료 4-5] 참조

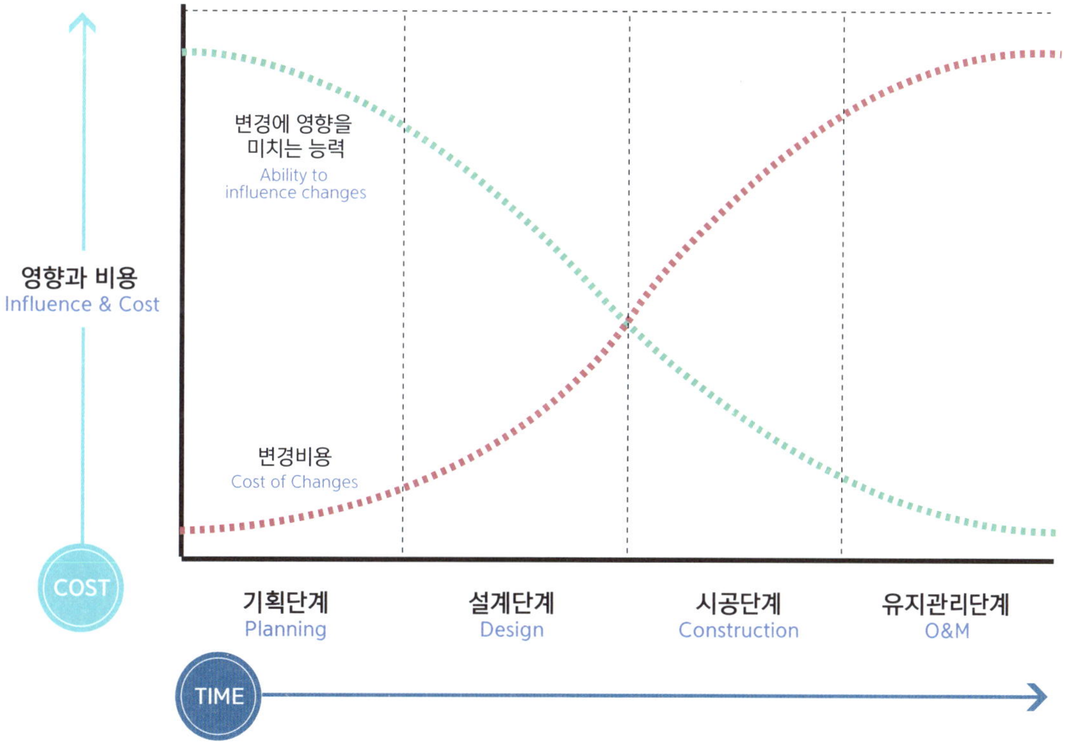

[자료 4-5] 건설사업관리의 기획단계 중요성

1) 계획단계의 기획 Planning in the Plan Phase

(1) 요구사항, 목적, 규모, 용도 및 기능 파악 Understanding for Requirements, Objectives, Scale, Use and Functions

요구사항 관리는 건설사업 초기 기획, 계획, 설계, 시공 및 유지관리에 이르기까지 건설공사 전반에 걸쳐 발주자 또는 고객의 요구사항을 처리하는 프로세스이다. 여기에는 요구사항 수집, 문서화, 변경 사항 추적 및 이해관계자 간의 의사소통 관리와 같은 활동이 포함된다.

(2) 예비타당성 검토 Feasibility Study, F/S

대규모 국가 예산이 투입되는 사업에 대해 발주처에서 사업의 타당성을 객관적, 중립적 기준에 따라 사전에 검증하는 제도를 말한다.

(3) 초기 계획 일정 Initial Planning Scheduling, IPS

대규모 건설사업에 있어서 각각의 사업 기본계획MP 일정 내에서 사업을 종료하기 위한 각각의 사업에 대한 착수, 실행, 종료 등을 포함한 사업 수행 일정계획과 자금계획 등이 포함된 일정표를 의미한다.

(4) 종합사업관리계획 Program Management Plan, PgMP

다수의 프로젝트를 하나의 공통된 목적 아래 통합하여 조직의 목표 및 목적 달성을 극대화하기 위해 노력과 자원을 조정하는 종합적인 로드맵이다. 여기에는 범위, 일정, 자원, 예산, 리스크, 프로그램 기준선 및 의사소통 계획을 포함한다.

(5) 표준작업지침 Standard Operating Procedures, SOP

건설사업관리를 표준화된 방법에 따라 일관되게 실시할 목적으로 사업추진 단계별, 업무 기능별, 해당 절차 및 수행 방법 등을 상세하게 기술한 문서를 말한다.

(6) 재해방지계획 Accident Prevention Plan, APP

재해방지계획은 가설건축물 건설, 임시구조물, 상수도, 전기, 오·폐수, 울타리, 접근로 등 현장 내의 모든 시설물들의 설치 계획을 포함하며 위험폐기물 청소, 작업, 석면 철거 작업 등을 포함하여 건설공사 착수 전에 APP계획을 수립하여 발주처의 승인을 받는다.

(7) 작업위험분석 Activity Hazard Analysis, AHA

작업위험분석은 특정 활동에서 발생할 수 있는 위험을 식별하고 그 위험을 최소화하기 위한 대응책을 수립하는 절차를 의미한다.

안전보건 통제의 이행 및 효율성을 확인하기 위해 일일 점검 시 사용되어야 하며, 안전보건 담당자는 건설공사 착수전 AHA계획을 승인을 얻고, 새로운 공종, 새로운 단계를 시작하기에 앞서, 모든 해당 직원 및 전 작업자에게 AHA 교육을 시행한다. [자료 4-6] 참조23)

[자료 4-6] **비계 작업시 안전 조치 예(안전 벨트, 안전로프 착용)**

(8) 건축 관련 법규 및 인허가 계획 Architectural Regulation and Permit Plan

사업을 수행하기 위해서는 당해 프로젝트가 관계 법령, 정부가 제정한 각종 건설기준, 발주처의 제 규정 및 지침 등과 연계하여 검토하여야 한다. 또한 프로젝트 수행을 위해서 요구되는 인허가 사항을 확인하고 관계기관과 협의하기 위한 인허가 계획을 수립한다.

23) 출처 https://www.networkscaffold.co.uk/legal-requirements-scaffolding/

(9) 환경보호계획 Environmental Protection Plan, EPP

환경보호계획은 건설사업 수행 간 발생 가능한 환경적 이슈에 대해 사회, 경제, 정치 및 거버넌스 요소를 고려하여 지속할 수 있는 결과를 달성하기 위한 포괄적인 프레임워크를 제공한 것을 말한다.

(10) 비상준비계획 Emergency Preparedness Plan

비상준비계획은 잠재적인 주요 재난 재해 혹은 실제 긴급 상황에서 인명과 재산 손실을 방지하기 위한 목적으로 작성한 행동 준비계획을 말한다. 주요 재난 재해 상황은 화재, 홍수, 태풍, 해일, 지진 등 자연재해와 가스 폭발, 건물 붕괴, 테러, 화학물질 유포 등 인위적인 재난 모두를 포함한다. 주요 재난 재해 상황에서 비상준비계획은 비상사태 수습에 대한 책임이 전담 기관으로 넘어가기 전까지 피해자가 스스로 인명과 재산을 보호할 수 있도록 초기 대응 방법을 설명해 놓은 것이다.

미국의 경우 연방재난관리청Federal Emergency Management Agency, FEMA을 설치하여 재난 재해 피해를 최소화하기 위해 연방 차원의 재난 대응계획을 세우고 대응 및 지원체계를 유지하고 있으며, 민간에서는 모든 사업장에 미국산업안전보건청Occupational Safety and Health Administration, OSHA의 표준에 부합하는 비상준비계획을 마련하도록 하여 근로자의 인명과 재산을 보호하도록 규정하고 있다.[24)]

(11) C4I Command, Control, Communication, Computer & Intelligence 통합 계획

C4I 통합설계는 C4I에 대한 구내 통신Inside Plant, ISP, 옥외통신Outside Plant, OSP 및 C4I 보안 설계의 지침을 준수한다. 건설사업 현장부지 및 주변 지역에 대한 현장 여건을 파악하고 가용한 C4I 서비스를 식별하여 관련된 모든 사항을 상세설계에 반영하여 요구하는 수준 이상의 품질을 확보해야 한다.

건축 등 타 공종과 상호 유기적 통합을 이룰 수 있도록 타 공종 설계도서를 면밀히 검토하고 상호 협조하여 실시설계를 하여야 한다.

경제적으로 실현 가능한 설계를 보장하기 위해 생애주기비용Life Cycle Cost을 고려함으로써 초기 투자비, 운영비, 유지관리비를 최소화 한다.

24) 한국의 경우 '재난 및 안전관리 기본법'에서 각종 재난으로부터 국토를 보존하고 국민의 생명·신체 및 재산을 보호하기 위하여 국가와 지방자치단체의 재난 및 안전관리체제를 확립하고, 재난의 예방·대비·대응·복구와 안전문화활동, 그 밖에 재난 및 안전관리에 필요한 사항을 규정하고 있으나, 대부분은 재난이 발생하면 재난의 대응·복구 위주로 정의하고 있다.

(12) 부지선정 및 지반 여건 분석 Site Selection and Ground Condition Analysis

프로젝트의 용도, 규모, 형식 등을 고려한 설계 기본 조건을 충족시키기 위해, 부지 선정과 지반 여건 분석을 진행한다. 해당 부지가 법적 제약 조건에 해당하는지, 입지 조건, 유지관리 조건, 사회적 환경 조건, 건축 배치 계획 조건, 시공 기술 조건 등을 검토한다. 또한, 해당 부지에서 이미 진행된 표토 제거, 지장물 조사, 교통량 및 교통시설, 배수 시설, 소음 및 진동, 구조물, 토취장과 골재원, 사토장, 용지 등을 조사하여 계획수립에 반영한다.

(13) 입찰 서류 검토 Tender Document Review

입찰 서류는 프로젝트 입찰 방식에 따라 다양하게 적용할 수 있으며, 제안서는 프로젝트의 잠재적 수행 대상자가 프로젝트 목적을 달성하기 위해, 업무적·기술적 내용과 방법을 구체적으로 기술하여 발주자에게 제출하는 공식적인 문서이다. 제안자 입장에서는 제안서에는 프로젝트 수행과 관련된 지식, 경험, 노하우를 충분히 소개할 수 있어야하고 발주자는 경쟁을 통해서 접수받은 제안서를 공정하고 합리적 절차에 따라 평가하여 가장 적합한 제안서를 선정한다.

업무수행 절차는 발주처에서 참가자격 요청서Request For Qualification, RFQ, 제안 요청서Request For Proposal, RFP를 공지하면 입찰에 참여하는 제안자는 참가자격 평가서 및 제안서를 작성한다. 제안서는 기술 제안서Technical Proposal, TP와 가격 제안서Cost Proposal, CP를 분리하여 제출하거나 통합하여 입찰에 참여할 수 있다.

2) 설계단계의 기획 Planning in the Design Phase

설계 관리계획은 건설사업관리의 핵심적인 요소로써, 설계 초기 단계부터 건축, 토목, 구조, 기계, 전기, 통신, 소방 등 각 전문 분야별 설계자들과의 충분한 협조를 통하여 설계 진행 단계별로 의사 결정을 하고 설계의 완성도를 높이는 데 있다.

설계단계에 진행되는 절차는 다음과 같다.

- 설계단계는 기본설계의 과정을 거쳐 계획안의 방향을 정한다.
- 정해진 설계안으로 인허가를 진행하고 이때 지역에 따라 심의를 받는다.
- 인허가 과정을 거치고 나면 실시설계 작업을 착수한다.
- 실시설계를 완료하고 사업비를 확정한다.

(1) 30% 설계(기준 패키지) 30% Design

기준 패키지Criteria Package는 건설사업에서의 설계에서 사용되는 일련의 기준과 규칙을 포함하는 설계기준 도서이다. 이 패키지는 건설사업 설계의 일관성, 시공성, 운영성, 유지성, 친환경성, 안전성과 품질을 유지하기 위해 사용된다.

기준 패키지 설계 시 다양한 측면을 다루는 기준들을 정의한다. 이러한 기준은 건축 관련 법규, 기준, 표준, 인터페이스 등 다양한 측면을 포함할 수 있다. 예를 들어, 건축물과 기반시설 설계 간에 전기, 수도, 가스, 오·폐수 처리 등 시스템의 구성 요소 간의 상호작용을 포함한다.

(2) 60% 설계 60% Design

60% 설계는 평면도, 입면도, 단면도 등 모든 설계구성 요소와 구조, 기계, 전기, 정보통신C41, 소방 등 모든 주요 시스템을 확정하도록 기준패키지를 발전시키는 것이다. 공종간 조율뿐만 아니라 계산서 및 자재 선정도 완료하여야 한다. 공용시설, 기타 진행 중인 인근 프로젝트 및 관련 설계 및 시공 활동과 조율이 필요하다.

상세도를 제외한 모든 도면을 제공해야 하나, 일반적인 주요 상세도는 공법 설명을 위해 60% 단계에서 제공하여야 한다.

(3) 90% 설계 90% Design

90% 설계는 실질적인 최종 설계로 간주하며 상세도 등 완전하게 개발된 설계를 포함하여야 하고 공종간 그리고 기반시설 개발, 설계 또는 시공 중인 인근 프로젝트 등 기타 관련 진행중인 공사와 완전하게 조율되어야 한다. 반영하기로 합의한 60% 제출물에 대한 모든 검토 의견을 포함한다. 주석이 첨부된 검토 의견도 별도 제본으로 90% 설계와 함께 제출한다. 90% 제출물에 투시도Perspective Rendering 초안도 함께 포함해야 한다. 다음 단계 설계를 진행하기 전에 90% 설계는 발주자의 승인을 얻어야 한다.

(4) 백 체크용 100% 설계 100% Design for Back Check

백 체크용 100% 설계는 이전 제출물에서 동의 및 해결된 모든 검토 의견을 반영한다. 본 제출물의 요건은 90%와 동일하다. 본 제출물은 완전하게 준비된 최종 계약 문서를 제공한다. 전체 검토 의견에 대한 백 체크를 완료하고 모든 백 체크 의견이 처리되어 검토자에 의해 종결되면 설계가 완료되어 승인용 100% 설계 최종본을 제출할 준비를 갖추게 된다.

(5) 발주자 승인용 100% 설계 100% Design for Client Approval

설계도서 검토자가 백 체크용 100% 설계에서 나온 모든 백 체크 의견을 처리하고 종결하면 건축사 및 분야별 책임자가 서명하여 최종 설계 패키지를 제출하고 발주자는 100% 설계 제출물을 승인한다. 도면 패키지는 처리상의 편의를 위해 제본 가능한 장수에 따라 시설물별 또는 공종별로 분리할 수 있다.

(6) 가치공학 Value Engineering, VE

가치공학VE이란 가치Value를 극대화하기 위해서 프로젝트, 제품, 서비스 등의 가치를 체계적으로 개선하는 기능 중심의 접근방식이다. 가치는 기능Function 대 비용Cost의 비율을 의미한다V=F/C.

가치공학VE은 프로젝트의 가치를 향상시키는 데 목적을 두며 그 시행 방법은 아래 절차를 따른다.

- 기존 비용 파악
- 기능 파악

- 창조적 아이디어 창안
- 새로운 기능 창출
- 가치 향상

가치공학VE의 "가치 향상 방법"은 아래 [자료 4-7] 에서 보는 바와 같이 4가지를 고려할 수 있으나 이에 국한되지는 않는다.

- 비용 감소형 : 기능을 유지하고 비용을 낮추는 방법
- 성능 향상형 : 기능을 높이고 비용을 유지하는 방법
- 가치 혁신형 : 기능을 높이고 비용을 낮추는 방법
- 성능 강조형 : 기능을 더 많이 높이고 비용을 약간 높이는 방법

구분	비용 감소형	성능 향상형	가치 혁신형	성능 강조형
기능	→	↗	↗	↗
비용	↘	→	↘	↗

[자료 4-7] VE 가치향상 방법

가치공학은 일부 국가에서는 가치관리Value Management, VM라는 용어로도 사용하고 있으며, 국내에서는 「건설기술진흥법」에서 '설계의 경제성 등 검토'라는 용어로 100억원 이상 건설공사에 의무적으로 적용하고 있으며 사업추진 단계별 VE 적용시 이점은 다음과 같다.

- 기획 단계

발주자, 고객, 설계자, 엔지니어, 시설관리자, 운영자, 프로젝트 및 건설관리자 등 모든 참여자가 워크숍 형태로 설계 개념을 기획하는데 설계 일정의 단축, 더욱 실제적인 예산 계획, 시공 중 가동 유지를 확보하는 시공 절차의 조기 설정, 운영 및 유지관리 자료의 식별, 의사소통 상황과 팀워크의 증진에 의한 설계 변경 요소 절감 등이 있다.

- 설계 기획 단계

VE는 설계기획단계(설계작업의 약 10~30%)에서 적용될 수 있다. 이때 기본설계는 문서화되나 프로젝트팀 특히 설계전문가는 계속해서 사고의 융통성을 가지고 있는데 여기서의 VE분석결과로 프로젝트의 일정이나 설계 예산에 큰 영향을 미치지 않고 주요한 변경을 수행할 수 있다. 설계 기획단계에 VE 관련 비용 절감 가능성이 가장 높다. 각 단계에서 발생하는 VE분석의 장점들은 설계 최적화, 발주자(고객)의 목표와 목적 확인, 설계 방법의 확정 등이 있다.

- 계약문서 작성 단계

계약문서 작성단계(약 60% 이상 완성)에서 VE 분석을 수행하면 건물의 운영 및 효율을 증진할 수 있다. 특히, 마감, 장비 또는 자재 품질 기준 등에 가장 큰 이점이 있다. 이 단계에서 건물의 운영 및 유지관리 계획이 수립되고 이는 최종 시설물을 인수한 운영자의 시설물 운영 능력에 영향을 준다.

- 시공준비 단계

발주자는 시공 공정계획을 최적화하고, 시설의 운영 및 유지를 할 수 있도록 계획을 검토하며, 또한 계약 변경과 불필요한 분쟁을 줄이는 수단으로써 설계도서에 대한 검토를 수행한다. 건설사업을 수행하는 동안 예상하지 못한 조건들이 많기 때문에 설계가 변경될 수 있다. 공사가 완료될 때까지 시설을 운영 및 유지해야 하는 사용자들이 VE 수행간 참여가 필요하다.

- 시공 단계

시공 단계에서 수행되는 VE를 가치공학 변경제안Value Engineering Change Proposals, VECPs이라 부르기도 한다. 미국의 경우 통상 적용된 절약분을 발주자와 시공자간에 나누는 형태를 따르게 되는데 기존 설계도서와 제안된 변경 사항에 대한 비용을 분석한 후에 나누게 된다. 그러나 이러한 형태의 배분은 계약 방식에 따라 결정되며 용역형 CM에서는 일반적으로 채택되지 않는다.

3) 시공 단계의 기획 Planning in the Construction Phase

건물을 실제로 완성하는 작업은 건설 시공사가 진행한다. 이 단계에서 설계도서에 따라 진행되는지 건설엔지니어링활동을 한다. 시공은 실시설계도서만으로 완벽하게 공사할 수 없으며 시공 과정에서 필요에 따라 여러 가지 시공상세도면Shop drawings & Working drawings을 만들어 사용한다. 건축의 의도와 목표에 맞게 건축물이 완성되었는지 시험 가동하는 과정으로 완공된 건축물의 품질점검, 예비사용 및 운전, 각종 설치 검사 및 성능검사, 안전도 성능평가, 성과품 제출 등을 수행한다.

시공 단계의 작업은 사업관리계획서에 의하여 시행되며 사업관리계획서는 다음 사항을 포함하지만 이에 국한되지 않는다.

(1) 과업 범위 Scope of Work
(2) 일정관리계획 Schedule Management Plan
(3) 품질관리계획 Quality Management Plan
(4) 안전, 보건, 환경관리계획 Safety, Health, and Environment Plan
(5) 각종 문서 관리계획 Document Management Plan
(6) 인력동원계획 및 조직관리계획 Manpower Mobilization and Organization Management Plan
(7) Team Member 간의 임무와 책임 Team Members' Roles and Responsibilities
(8) 비용관리계획 Cost Management Plan
(9) 업무수행절차서 Work Performance Procedure
(10) 정보 및 의사소통 시스템관리 Information and Communication System Management
(11) 가설공사 계획 Temporary Work Plan
(12) 자재 및 장비관리계획 Material and Equipment Plan
(13) 계약자 및 하도급 관리계획 Contractor and Subcontractor Management Plan
(14) 기성관리계획 Payment Management Plan

4) 유지관리 단계의 기획 Planning in the O&M Phase

완공된 건축물의 기능을 보전하고 이용자의 편의와 안전을 유지하도록 건축물을 점검, 정비하여 개보수가 필요한 부분을 수선하여 건축물의 성능유지, 개량, 보수, 보강하는 활동을 수행한다.

유지관리는 다음 사항을 포함하지만 이에 국한되지는 않는다.

(1) 시설물의 지속가능성 Facility Sustainability

(2) 준공도면, 시방서 As-built Drawings and Specification

(3) 결함사항 최종완료확인서 Final Completion Acceptance and Defects

(4) 운영 및 유지관리 메뉴얼 Operation and Maintenance Management Manual

(5) 하자보증이행서 Warranty Performance Bond

(6) 인수인계확인서 Confirmation of Facility Turn-over

(7) 최종기성 확인서 Confirmation of Final Payment

(8) 계약종결 확인서 Confirmation of Completion and Termination of Contract

12.2 실행 Execution

건설사업관리를 성공적으로 수행하기 위해서는 건설사업관리 참여자 모두가 동일한 과정과 절차를 사용하는 것이 무엇보다 중요하다. 그래야 정보공유가 수월해진다. 특히 대규모 프로그램에서는 다양한 국가, 지역, 다양한 건설 관련 업체의 사람들이 참여하여 일을 할 때 프로세스는 더욱 중요한 역할을 수행한다.

설계도서와 마스터 플랜 없이 집을 지을 수는 없다. 계획 없이 무작정 나무 조각에 못을 박으면 실패할 수 있기 때문이다. 건설사업관리도 같은 개념이 적용된다. 실행 계획은 공통된 목표를 달성하기 위한 청사진과 같은 기능을 한다. 계획에는 건설사업관리 전략부터 예산, 건설사업관리에 참여하는 이해관계자 등 모든 것을 포함해야 한다.

실행 계획은 팀이 공통된 목표나 이니셔티브를 달성하기 위해 따라야 할 단계를 요약한 문서이다. 실행 계획은 전략 계획과 대응되는 개념이다. 전략 계획이 특정 목표를 달성하기 위해 어떤 전략을 사용해야 할지를 자세하게 설명하는 것이라면, 실행 계획은 목표를 달성하는 방법을 단계별로 나타낸 가이드이다.

실행 계획의 목적은 팀이 실행 단계로 넘어가기 전에 누가, 무엇을, 언제, 어디서, 왜 어떻게(5W 1H) 건설사업관리를 진행해야하는지를 명확하게 대답할 수 있도록 하는 것이다. 간단히 말하면, 전략을 구체적인 작업으로 만드는 계획이다.

성공적으로 건설사업을 수행하기 위해서 건설사업관리의 활동은 21가지로 분류할 수 있으며, 이에 국한되지 않는다. 수행되는 활동에 대한 정의, 절차는 다음과 같다.

1) 건설사업관리의 활동 Activities of PM

(1) 통합 관리 Integration Management

통합 관리는 프로젝트의 시작부터 종결까지 전 사업과정 동안 대내외 요인을 고려하여 프로젝트 헌장을 개발하고, 프로젝트 지식영역의 관리계획 수립과 수행과정에서 이를 통합하고 조정하여 프로젝트가 성공적으로 완료되도록 관리하는 활동이다.

통합 관리의 주요 업무 프로세스는 다양한 프로젝트관리 활동들을 식별, 정의, 통합 및 조정하여 이해관계자의 요구 사항과 기대치를 성공적으로 관리하고 상호 영향 관계를 고려하여 프로젝트 착수부터 종료까지 관리하는 프로세스로 구성된다.

통합관리의 기본적인 프로세스는 아래와 같은 업무활동으로 구성된다.

- 프로젝트 헌장 개발[25)]
- 사업관리의 개발계획수립
- 사업관리지침 수립
- 프로젝트 패키지 정의 및 요건확인
- 사업관리의 개발계획시행
- 전반적인 변경 모니터링 및 통제 실행 검토
- 변경관리
- 종합현황 집계 및 모니터링
- 종결관리

25) 프로젝트 헌장 개발(Project Charter Developement)이란 프로젝트의 개요, 범위, 사업관리계획 등 프로젝트 시작 단계에 작성되며 프로젝트의 방향성과 목표를 설정하는데 중요한 역할을 하는 것을 말한다.

(2) 리스크 관리 Risk Management

리스크 관리는 프로젝트 실행과 관련하여 각종 부정적 영향을 줄 수 있는 잠재적 위험을 항목별로 정의하고, 각 위험이 철저히 관리될 수 있도록 일련의 업무를 수행하며 이러한 위험을 조기에 인지하여 프로젝트 수행조직이 사전에 적절히 대응할 수 있는 계획 수립과 이에 따른 관리체계를 구축하여 발생할 수 있는 위험요인을 효율적으로 관리하는 활동이다.

리스크 관리의 프로세스는 아래와 같은 업무 활동으로 구성된다.

- 리스크 관리 전략 수립/ 계획 개발
- 리스크 식별
- 리스크 분석
- 리스크 대응계획 수립/ 우선순위 지정
- 리스크 대응
- 리스크 평가, 모니터링 및 통제
- 리스크 추적
- 리스크 업데이트/ 교훈·문서화

(3) 행정 관리 Administrative Management

행정 관리는 PMC 운영에 필요한 각종 행정의 역할과 책임 구분, 인력운영, 사업관리정보시스템 등 행정업무 수행을 위한 관리활동이다.

행정 관리 프로세스는 아래와 같은 업무 활동으로 구성된다.

- 행정 관리 항목 파악
- 행정 관리 역할 및 책임 구분
- 행정 관리 인력운영
- 사업관리정보 시스템 관리

(4) 의사소통 관리 Communication Management

의사소통 관리는 프로젝트 이해관계자들이 프로젝트 기간 관련 정보의 생성, 수집, 배포, 저장, 검색. 그리고 최종적으로 폐기를 적절히 수행하는 데 필요한 프로세스 활동을 말한다.

의사소통 관리의 주요 프로세스는 이해관계자들에게 적시에 필요한 정보와 의사소통 요구사항을 제공하기 위해 의사소통 방안을 계획 및 수립하고, 의사소통 계획에 따라 필요한 정보를 수집 배포하며, 배포된 정보가 이해관계자의 의사소통 요구사항을 만족하는지 모니터링 및 조정하는 프로세스로 구성된다.

의사소통 관리 프로세스는 아래와 같은 업무 활동으로 구성된다.

- 이해관계자 식별
- 이슈 추적
- PMIS 신규 이슈 입력
- PMIS 이슈 업데이트
- 현황표 사전 배포
- 보고서 초안작성
- 브리핑 준비
- 번역/책임자 검토
- PMIS 회의준비
- 주간 그룹별 이슈 추적 회의
- 회의록 준비 및 작성
- 배포 및 게재

(5) 계약 관리 Contract Management

계약 관리는 계약체결단계에서 하자보증단계까지 건설공사 계약의 전 생애에 걸쳐 합리적인 계약이행을 추구하여 계약당사자의 이익을 보호하기 위한 경영관리 활동이다.

주요 업무 프로세스는 계약서에 약정된 프로젝트의 범위에 대한 체계화와 변경이 발생할 때 이를 관리하는 관련 프로세스로 구성된다.

계약 관리의 기본적인 프로세스는 아래와 같은 업무활동을 기준으로 한다.

- 구매 관리계획 개발
- 계약조건 및 관련 규정 검토
- 입찰계획
- 입찰
- 업체선정
- 계약 관리
- 변경사항 현황 추적 및 변경관리 지원
- 계약종결
- 하자보증 준비 업무 지원

(6) 인사 관리 Human Resource Management

인사 관리는 프로젝트와 관련된 인력 및 조직들을 효율적으로 활용하여 프로젝트에 적합한 인적자원을 확보하고 적재적소에 투입함으로써 인적자원을 극대화하도록 관리하는 체계 활동을 의미한다.

주요 업무 프로세스는 프로젝트 목표 달성을 위해 조직표 작성, 조직 인원 배정 계획 수립, 조직원의 역량개발, 조직원 성과평가와 관련된 업무활동으로 구성된다.

- PMC 조직 구성
- 인력 등급 배정 기준 및 운영 절차 수립
- 인력관리 계획수립
- 직원평가
- 인사관리 및 조치실시

(7) 공정 관리 Schedule Management

공정 관리는 프로젝트를 구성하고 있는 요소 작업을 주어진 공기 내에 완성하기 위하여 공사와 관련된 정보를 분석한 후, 시공 방법을 결정하고 세부 일정계획을 수립하며, 이에 따른 자재, 장비, 인원 등에 대한 최적의 자원투입계획을 수립하는 활동이다.

주요 업무 프로세스는 공사의 목적물을 계약된 공사 기간 내에 완성하기 위해 합리적이며 경제적인 공정계획을 수립하여 공사가 원활히 수행될 수 있도록 관리하며, 계획공정에 미달하였을 때 이에 대한 만회 대책을 수립·조정하는 프로세스로 구성된다.

공정 관리의 기본적인 프로세스는 아래와 같은 업무활동을 기준으로 한다.

- 예비프로젝트 스케줄 작성
- 비용일정관리 계획서
- 작업활동 정의
- 작업활동 순서화
- 작업기간 추정
- 일정개발
- 일정모니터링 및 통제
- 월간공정보고
- 변경공정표
- 월간 공정회의
- 부진 공정 만회대책
- 공정 위험 분석
- 공정지연 관리
- 중간공정관리일
- 준공공정표

대규모 사업에서 공정 관리는 사업초기 발생할 수 있는 공기 지연 가능성을 검토고 공사기간 중 실제 사용자의 요청에 의한 변경과 품질검사 과정에서 발생되는 지연 등을 모니터링 및 통제한다.

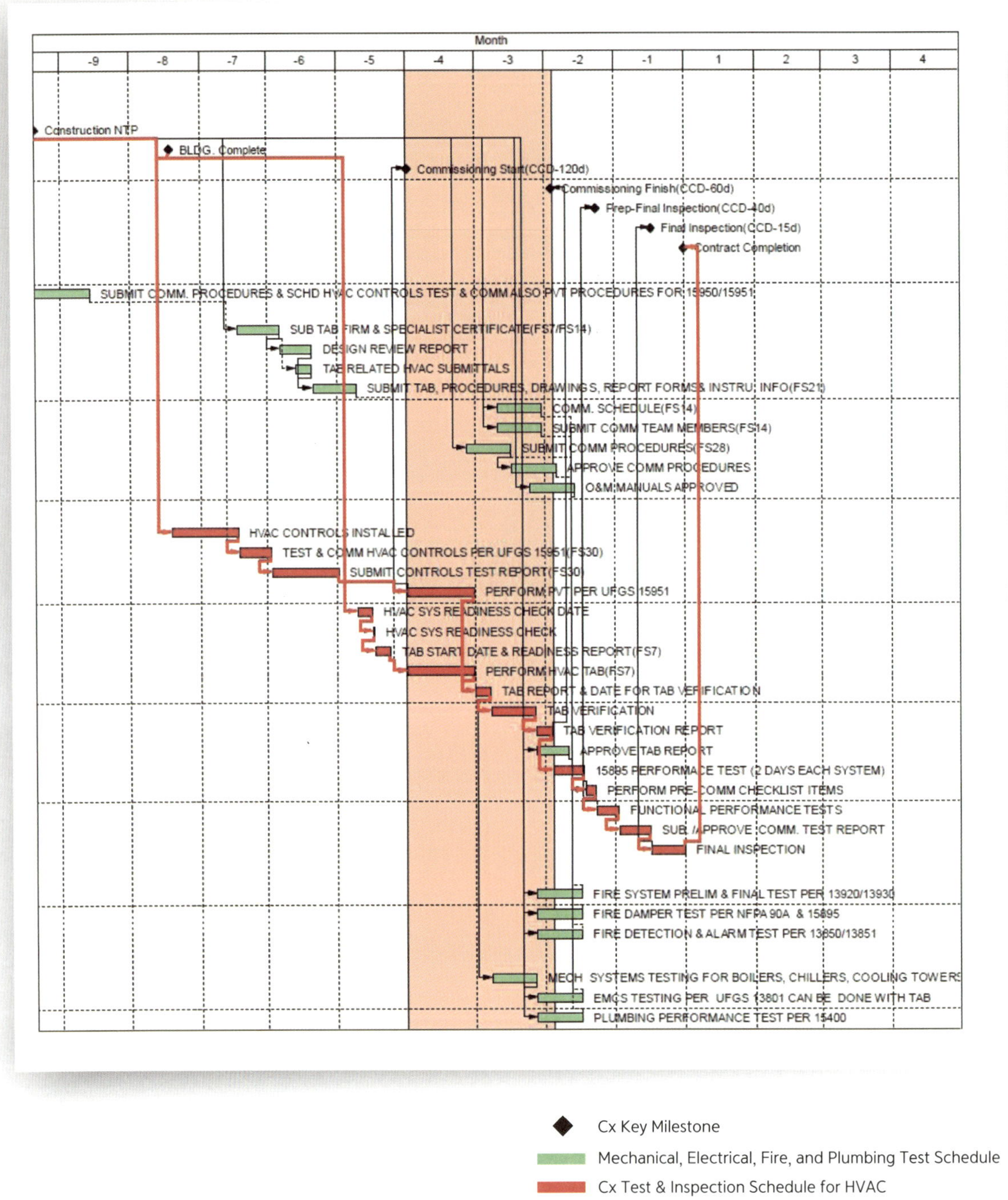

[자료 4-8] 기계, 전기, 소방 시운전 공정관리 예

[자료 4-8] 은 건설사업 종결단계에서 녹색 차트는 기계, 전기, 소방, 배수 시험 일정을 제공하고, 적색 차트는 난방, 환기, 냉방시설을 위한 시운전Commissioning, Cx, 시험 및 조정Testing Adjusting and Balancing, TAB을 수행하는 데 필요한 기계, 전기, 소방 시운전 공정관리 예를 나타낸 것이다.[26]

(8) 사업비 관리 Cost Management

사업비 관리는 발주자가 책정한 예산 범위 내에서 발주자의 요구조건이 충족될 수 있게 하도록 필요한 각종 자원투입계획을 수립하여, 사업비를 산출하고, 사업단위 또는 공종별로 할당하여 예산을 편성한 다음, 편성된 사업비 혹은 예산 내에서 각 사업이나 공종이 완료될 수 있도록 관리하는 활동을 말한다. 주요 업무 프로세스는 승인된 예산 범위에서 프로젝트를 완료할 수 있도록 원가산정, 예산수립, 필요자금 조성 및 집행을 통해 진도 상황을 모니터링하고 원가를 통제 하는 프로세스로 구성된다.

사업비 관리의 기본적인 프로세스는 아래와 같은 업무활동을 기준으로 한다.

- 자원계획
- 비용추정
- 비용모니터링 및 통제
- 현 시점 사업비 및 향후 예상 비용검토
- 선금 및 기성지급
- 정산비용 검토
- 계약금액 조정
- 정산 관리

프로젝트별 비용 증가 요소를 분석하고 설계변경 등으로 인해 변경되는 비용에 대해서는 변경시점을 기준으로 총사업비를 예측하여 발주자 사업비 관리업무를 지원하는 활동이 필요하다.

26) USACE, 2005, USACE ECB 2005-10 Scheduling Requirements For Testing Of Mechanical Systems In Construction Contracts

특히, 주한미군기지 평택이전사업은 상기 12.2, 1), (7) 공정관리와 12.2, 1), (8) 사업비 관리를 통합한 비용일정통합관리Cost and Schedule Integrated Management 업무를 수행하였다.

통합 관리의 결과물은 건설조달일정보고서Program / Project Construction Delivery Schedule Report를 통하여 아래 사항들을 수시, 또는 월별로 분석하고 최신화하여 사업관리를 최적화하였다.

- 프로젝트 공정율 분석 Progress Rate Analysis : 계획 대 실적 분석
- 프로젝트 위험도 분석 Project Risk Analysis : 자재, 장비, 인력투입, 규정, 설계변경 등의 위험요소를 종합적으로 분석하여 대책을 수립
- 프로젝트별 계약 준공일 Contract Completion Date 예측 : 계약준공일의 지연이 예상될 경우에는 위험도 분석결과를 적극적으로 반영하여 해결방안을 수립

(9) 구매 및 물류 관리 Procurement & Logistic Management

구매 및 물류 관리는 원자재, 완제품, 장비, 기계 등 유형의 것들이 최종 설치되는 위치, 최종 고객까지 운송하는 데 필요한 활동을 관리하는 활동을 의미한다.

이 활동에는 주문 처리, 자재 취급, 포장, 창고 보관, 운송 및 고객 서비스 관리와 같은 일련의 물류 활동이 포함된다.

구매 및 물류관리는 프로젝트의 타당성 조사, 설계 단계에서 반영되어야 한다. 이러한 활동에는 자원(자재, 장비, 인력 등) 투입 계획 수립, 시방서 및 도면을 충족하는 자원의 검토 및 승인, 자원의 발주 및 조달, 자원의 운송 및 보관, 자원의 설치/투입 및 검사, 외자재 물류 이동의 검토 및 확인, 공급자와의 적시 의사소통 및 협업 등이 포함된다.

- 자재발주 계획
- 자재발주 승인
- 자재인수 조율
- 자재반입 및 손상/완전성 검토
- 손상/결함 자재 시정통보

- 자재품목 목록 작성
- 자재관리 계획 수립 및 운영
- 외산 자재 제출물 등록부
- 기자재 검수
- 기자재 입출고 관리
- 자재정보 관리

(10) 정보 및 자료 관리 Information & Data Management

정보 및 자료관리는 프로젝트 수행과정에서 활용되거나 생산되는 방대한 각종 자료(도면, 시방서, 품질검사 및 시험 성적표 등)에 대한 정보 수집, 분류 및 안전한 보관을 위한 지침 마련과 관련 주체별 역할과 책임 및 각종 양식을 제공하고 관리하는 활동이다.

주요 업무 프로세스는 사업 수행 과정에서 생성되는 각종 문서, 기술자료 등 모든 자료를 일정기준에 따라 체계구성 및 효율적으로 관리할 수 있는 업무활동으로 구성된다.

- 자료관리 계획 수립 및 운영
- 전자결재문서
- 설계/시공 시공사 제출물 접수/배포
- PMIS
- 검색지원
- 보고서 지원
- 품질관리
- 기록관리
- 폐기관리
- 자료이관

(11) 품질관리 Quality Management

품질관리는 프로젝트의 성과물이 사전에 계획하였던 요구사항을 충족하며, 수행목표를 확실히 달성하는 관리활동이다. 성과물은 도면과 시방 및 각종 관련 기준이나 규정을 충족하여야 하며 사용자의 안전, 보건, 환경성이 보장되어야 하고 유지관리 단계에서의 지속성과 효율성이 충분히 고려되어야 한다.

품질관리의 기본적인 프로세스는 아래와 같은 업무활동으로 구성된다.

- 품질관리계획개발
- QC 조직구성 및 임명
- 품질시험계획
- 품질관리계획 수행
- 품질모니터링 및 통제
- 품질보증
- 조정회의
- 인수인계 검사
- 결함조치
- 마감 전 검사

건설사업관리에서 다양한 업무 활동이 중요하지만 품질관리는 가장 핵심적인 관리업무다. [자료 4-9]는 시공사에 의한 품질관리 절차이다.

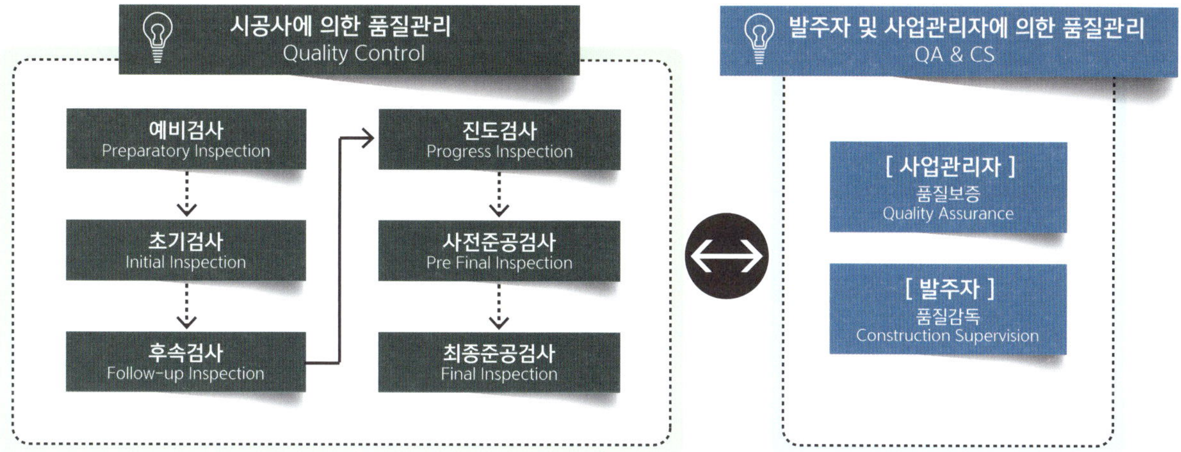

[자료 4-9] **품질관리 절차**

(12) 안전환경보건 관리 Safety, Environmental and Health Management

안전환경보건 관리는 시공 중 안전사고와 재해 예방을 위한 안전관리 절차서 개발 및 안전관리 업무와 건설 현장 작업장의 환경을 최적화시켜 근로자들의 작업 생산성을 최대한 제고시키기 위해 시공 중에 발생할 수 있는 먼지, 소음, 폐기물 처리 등에 대한 관리 절차서 개발 및 환경관리, 건설 현장 근무자들의 건강 유지와 쾌적한 근무 환경을 위한 다양한 수단과 방법을 동원한 관리 활동을 의미한다.

주요 업무 프로세스는 재해예방과 환경오염, 환경훼손을 방지하기 위한 절차서 작성, 현장 점검, 친환경 관리에 대한 적정성을 검토·확인·감독하는 프로세스들로 구성된다.

[자료 4-10] 은 안전환경보건 관리를 위한 현장 안전점검 및 안전회의 사진이다.

[자료 4-10] **현장 안전점검(左) 및 안전회의(右) 사진**

안전환경보건관리 프로세스는 아래와 같은 업무 활동으로 구성된다.

- 안전전문가 안전평가 준비
- 잠재적 시공사 안전평가
- 계약 및 시공전 회의
- 시공단계 안전관리
- 현장조사/안전회의
- 안전 및 환경관리
- 안전환경보고서 제출/검토

(13) 보안 관리 Security Management

보안 관리는 건설 프로젝트 현장 및 사무소의 보안을 위한 관리계획 수립 및 관련 활동을 의미한다.

주요 업무 프로세스는 현장 및 사무소 출입관리 절차서 개발, 도난/불법반입 및 반출 등을 방지하기 위한 보안시설 설치 및 관리, 현장 진출입 인력과 차량관리 등과 관련된 프로세스로 구성된다.

- 표준 보안 절차
- 현장 보안 계획
- 사무실 보안
- 운영보안

특히 통신보안은 아래와 같은 절차를 이행하여 프로젝트 현장의 보안이 확보되어야 한다.

- 보안계획 수립
- 보안평가
- 보안 교육 실시
- 보안 모니터링

- 보안위험탐지
- 사고대응

(14) 설계 관리 Design Management

건설시공단계에서의 설계 관리는 기획단계에서 개발된 설계내용을 시공과 연결하여 설계상의 문제점이나 변동사항을 개선함으로서 설계품질을 향상시키며 설계와 시공의 내용을 일치시킴으로서 프로젝트의 품질목표를 달성하게 된다.

- 누락, 오류, 상호모순 개선
- 법, 규정, 규제 변경
- 현장 조건 변경
- 비용 일정 조정으로 인한 설계 변경
- 이해관계자 요구사항 변경
- VE 실시로 인한 변경
- Shop Drawing & Work Drawing 작성
- 준공도면As-built Drawings 작성

(15) 시공 관리 Construction Management

시공관리는 시설별 사업추진 일정 내에 최적의 공사비를 투입, 최고의 품질 및 안전성이 확보된 시설을 건설하기 위한 시공계획 수립, 관리 운영, 설계 기술 요건 및 품질요건에 맞게 시공할 수 있도록 하는 일련의 관련 업무를 정의하고 관리하는 활동이다.

주요 업무 프로세스는 공사 품질, 일정. 예산의 목표를 달성하기 위하여 공사 실행계획서 작성과 이를 기반으로 공사 업무를 관리하고 공사를 지원하는 업무활동으로 구성된다.

- 시공 관리계획 수립 및 관리
- 건설 사전회의
- 합동 부지조사

- 부지건물 인계 요청서
- 시공 착수 전 점검
- 굴착시공 허가
- 제출물 검토
- 월간업무 수행
- 종결회의
- 하자보증검사

건설사업관리의 시공관리업무는 프로젝트 차원의 관리와 프로그램 차원의 관리로 구분할 수 있다. 프로젝트 차원의 관리는 앞서 서술한 품질관리, 공정관리, 사업비관리 등이 주요 업무이다. 프로그램 차원의 관리는 개별 프로젝트에서 관리하는 작업 활동을 통합하고 조율하며 품질관리, 공정관리, 사업비관리, 안전·보건·환경관리 등 각 프로젝트 간의 특성이나 차별성을 최적화하는 프로젝트 상위 수준의 관리 활동이다.

(16) 간섭 관리 Interface Management

프로젝트는 다양한 분야(토목, 건축, 설비, 전기, 소방, 안전)의 요소들이 결합되어 있으며 이들이 상호작용을 통하여 결과물을 산출한다.

간섭관리란 이러한 상호작용 요소들을 조정하여 오류나 갈등을 방지하고 이해관계자들간의 협업을 원활히 진행하도록 하는 관리 활동이다.

- 구조체와 마감재 또는 마감재와 마감재 사이 : 기둥, 보, 벽, 바닥과 접하는 마감재 또는 마감재와 마감재 간의 간섭
- 설비, 전기, 배관(MEP) 시스템 : HVAC, 전기분배시스템, 배관 등 간섭
- 인명안전시스템 : 감지기, 알람, 스프링클러, 소화전, 비상대피시설 등의 간섭
- 건물자동화시스템 : 보안, 출입통제. 조명 및 에너지 시스템 등의 간섭
- 건물과 인프라 및 공공시설 Infrastructure & Utilities : 도로, 보행로, 주차장, 조경, 상하수도, 배수시스템 등의 간섭

[자료 4-11]은 설비, 전기, 배관 시스템의 간섭 관리 점검 사진을 나타낸 것이다.

[자료 4-11] **설비, 전기, 배관 시스템 간섭 관리 예**

(17) 시운전 및 검사 관리 Commissioning and Inspection Management

시운전/검사 관리는 설계 단계부터 공사완료에 이르기까지 전 과정에 걸쳐 발주자의 요구에 부합되도록 모든 시스템의 계획, 설계. 시공. 성능시험 등을 확인하고 최종 유지 관리자에게 제공하여 입주 후 발주자의 요구를 충족할 수 있도록 운전성능 유지 여부를 검증하고 문서로 만드는 활동이다.

주요 업무 프로세스는 시설물에 대한 성능을 실증하고, 운전 및 유지보수 절차 수립 등과 관련된 업무활동으로 구성된다.

- 시운전 계획서 작성
- 운영 및 유지 매뉴얼 검토
- 시운전 착수 보고서 승인
- 시설/장비 적합성 검토
- 교육훈련 및 검증
- 주기적 시험
- 준공검사
- 최종시운전 보고서 제출

(18) 클레임 및 분쟁 관리 Claim and Dispute Management

건설사업관리에서 발생하는 클레임 및 분쟁의 원인은 아래와 같으며 그 해결방법은 사안에 따라 복잡하다. 프로젝트 수행 중 발생하는 클레임이나 분쟁으로 인한 소모적인 요인들을 근본적으로 차단함으로써 불필요한 시간적, 재정적 손실을 최소화하는 관리활동이다.

- 계약적 해석의 차이
- 일정지연 및 비용증가
- 건설결과물의 품질에 대한 계약자간의 이견
- 변경요청사항에 대한 계약자간의 이견
- 환경에 미치는 영향에 대한 이견
- 안전기준 준수나 안전사고발생에 대한 이견
- 기성지불에 대한 이견 등

주요 업무 프로세스는 사업 수행 과정에서 발생할 수 있는 클레임 및 분쟁을 사전에 예방하고 대응할 수 있는 업무활동으로 구성된다.

- 클레임 대응계획 수립
- 시공사 클레임 제출
- 클레임 타당성 검토 및 조율
- 중재소로 클레임 제출

(19) 재무 관리 Financial Management

재무 관리는 조직이 자원을 효과적으로 활용하고 재정적인 안정과 성과를 달성하기 위해 수행되는 활동을 말한다. 이는 예산 수립, 재무 분석, 자금 조달 및 투자 결정, 자산 관리, 회계 및 세무 등 다양한 활동을 포함한다.

재무 관리는 기업이나 조직의 재무 건전 상태를 유지하고 개선하기 위해 중요한 역할을 한다. 재무 관리 활동에는 사업관리 예산 및 운영계획 수립, 사업관리비 조달, 사업 관리비 배분, 사업관리비의 신청 및 수령, 세금관리 및 회계, 공정률 평가에 따른 시공자(공급자) 기성검사 및 승인, 시공사 하도급 업자에 대한 원도급사의 기성지급 확인, 보험 등 활동이 포함된다.

(20) 입주준비 관리 Outfitting Management

입주준비 관리는 최종 시설물에 기존 사용했거나 신규로 구매해야 하는 가구 및 자재 등을 신속하고 정확하게 이전하고, 최종 사용자를 입주시키기 위한 업무 활동을 말한다. 이를 위해 건설단계와 연계되어 최종 사용자가 완공된 시설물에 입주하기 이전부터 사용하는데 필요한 모든 업무 활동을 통합 및 관리하여 공사 외에 발생할 수 있는 비용, 일정 등의 리스크를 최소화하는 목표를 두고 있다. 목표의 범위는 가구, 고정설비 및 장비Furniture, Fixture & Equipment, FF&E 계획, 구매 및 설치, 이주 및 이사 등과 연관된 전체 업무의 프로세스계획과 시설 또는 입주자의 특성이나 요구 조건에 따른 서비스 영역까지 포함된다.

[자료 4-12] 는 입주준비 관리를 위한 가구 설치 사진을 나타낸 것이다.

[자료 4-12] **입주준비 관리 가구 설치 사진**

(21) 조정 관리 Tailoring Management

모든 프로젝트는 고유한 상황과 요구사항을 가지고 있기 때문에 일반적인 프로젝트 방법론을 그대로 적용하는 것이 항상 적합한 것은 아니다.

조정 관리란 프로젝트의 관리 프로세스와 기법 및 도구 등을 적용할 때 프로젝트의 특성(규모, 용도, 환경, 복잡성, 다양성 등)을 고려하여 융통성Flexibility과 적응력Adaptability에 기반을 두고 모든 계획을 조정하는 최적화 관리방식이다.

조정 관리는 사업관리의 전 생애주기 동안에 적용되지만 주로 프로젝트 프로세스의 실행단계에서 추가, 수정, 제거, 및 조율하는 관리활동이다.

조정관리의 핵심 프로세스는 다음과 같다.

(1) 프로젝트 헌장 Project Charter

프로젝트 초기 단계에서 프로젝트 헌장을 작성하여 프로젝트의 범위, 목표, 이해관계자, 프로젝트 관리팀을 정의한다.

(2) 프로젝트 관리 계획 Project Management Plan

프로젝트 계획을 수립하여 프로젝트의 범위, 일정, 예산, 품질, 리스크 관리 등을 정의한다.

(3) 프로젝트 실행 Project Execution

프로젝트 관리계획을 기반으로 프로젝트를 실행하고 작업 활동을 수행한다.

(4) 성과 보고 Performance Reporting

프로젝트 진행 상황을 모니터링하고 프로젝트 성과를 보고한다.

(5) 프로젝트 통제 Project Control

프로젝트 진행 상황을 제어하고 문제 및 리스크를 관리하며 프로젝트 계획을 조정한다.

(6) 프로젝트 종결 Project Closure

프로젝트 완료 후 프로젝트의 성과를 평가하고 프로젝트 문서를 보관하며 이해관계자 등에게 결과를 전달한다.

2) 공급망의 변동성 Supply Chain Volatility

러시아의 우크라이나 침공이나 이스라엘과 하마스의 전쟁은 세계적으로 지정학적 위험을 매우 증가시키며, 세계 경제가 1970년대 이후 경험하지 못한 인플레이션으로 몰아가고 있다. 이미 우리는 러시아에 대한 경제 제재와 러시아의 해안지역 점령으로 인해 러시아와 우크라이나의 수출이 큰 타격을 입은 상황을 경험하였다. 이러한 공급 및 수송에 대한 심각한 혼란은 이미 COVID-19로 인해 경색된 글로벌 공급망을 최악의 상황으로 몰고 가고 있다.

또한, 미국을 중심으로 중국을 배제한 주요 국가들의 공급망 재편이 본격적으로 시작되었다. 글로벌 기업들의 중국에서의 의존도를 낮추는 경향은 확산하고 있지만, 중국에 공급망 의존도가 높은 우리나라로서는 쉽지 않은 상황이다.

최근 몇 년 동안 우리는 높은 대외 의존도의 부작용을 목격하고 경험하였고, 세계의 공장인 중국에서 코로나19 확진자가 발생할 때마다 도시를 봉쇄하자 전 세계적인 공급 대란이 발생했다. 따라서, 글로벌 공급망 변동성에 대비하여 공급망에 다각화가 필요한 시점이 되었다.

따라서 공급망의 변동성에 대비하기 위해서는 다음과 같은 전략이 필요하다.

- 구매 및 조달 변동성 고려
- 인플레이션 대비
- 장기간 소요 품목Long-lead Item 인도를 고려한 일정 계획

3) 지시·주도 혼합형 관리 Push & Pull Hybrid Management

건설산업분야의 지시형 관리와 주도형 관리는 아래와 같이 정의할 수 있다.

건설사업관리자는 건설사업관리를 수행하면서 지시형 관리와 주도형 관리를 혼합한 복합관리를 통하여 비용을 낮추고 효율을 증대시키는 최적화 관리를 주도적으로 수행하여야 한다.

(1) 지시형 관리 Push Management

건설사업은 발주자가 요구하는 입찰 조건에서 주어진 요구사항 또는 지시사항(계약조건, 규정, 지침, 시방서, 도면 등)을 준수하고 충족해야 하며, 그 이행 과정은 지시형태(발주자→건설사업관리자→시공자→하도급자)의 관리체계를 유지한다.

따라서 건설사업관리자는 발주자의 요구사항을 근거로 사전에 계획된 일정과 예산에 의하여 자재와 장비, 인력 등의 자원을 관리하여 예산, 일정, 품질, 안전/보건/환경에서 요구하는 목적을 달성하여야 한다.

(2) 주도형 관리 Pull Management

건설사업은 지시형 관리 형태를 유지하지만, 그 관리 과정은 수많은 불확실성을 내포하고 있다.

기술, 사회, 정치환경의 변화, 가격의 변동성, 자원의 가용성(특히, 건설 인력 조달), 자금차입 능력, 인플레이션이나 디플레이션 등의 경제환경의 변화, 기후 및 국제정세의 변화는 계획된 일정과 예산의 목표를 달성하는데 리스크(기회 또는 위협)로 작용한다. 건설사업관리자는 모든 이해관계자와의 소통과 협업을 통하여 주도적으로 리스크를 조사하고 분석하고 평가하여 실제 상황에 맞게 일정과 예산을 적기에 조정하여 예산, 일정, 품질, 안전/보건/환경에서 요구하는 목표를 달성하여야 한다.

(3) 지시·주도 혼합형 관리 Push & Pull Hybrid Management

상기 지시형 관리와 주도형 관리의 상호작용하에 이해관계자들 속에서의 지시·주도 혼합형 관리는 다음의 [자료 4-13] 과 같이 표현될 수 있다.

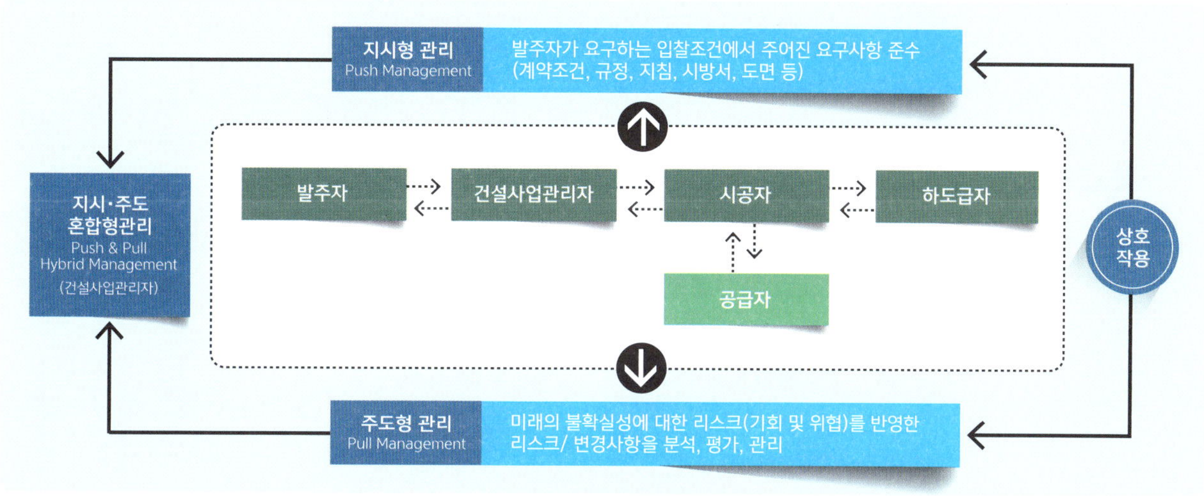

[자료 4-13] **지시·주도 혼합형 관리** (Push & Pull Hyrbrid Management)

건설사업관리는 프로그램 관리 기준선Project/Program Management Baseline, PMB를 수립하고 이를 이행하는 것이 과업 수행의 핵심 요소이다.

PMB는 적게는 수백 개 많게는 수천 또는 수만 개의 작업 활동을 포함하고 있으며 각 작업 활동에는 필요한 일정과 비용의 목표가 제시된다.

따라서 건설사업관리자는 보유하고 있는 전문적인 기술과 능력으로 지시·주도 혼합형 관리Push & Pull Hybrid Management를 적기Just in time에 최적화시킴으로써 아래의 목표를 달성할 수 있다.

(1) 효율의 극대화 Maximizing Efficiency

(2) 비용 절감 Cost Reduction

(3) 가치 창출 Value Creation

(4) 발주자 또는 고객의 요구사항 충족 Meeting Customer/Client Requirements

(5) 환경과 사회적 요구사항 충족 Meeting Environmental and Social Requirement

4) 비용·일정 통합관리 Cost and Schedule Integrated Management

비용·일정 통합관리는 건설사업관리에서 비용과 일정을 효과적으로 통합하여 관리하는 프로세스이다. 이 프로세스는 프로젝트의 비용과 일정을 통합 관리하여 프로젝트팀이 예산과 일정을 준수하고 성공적으로 프로젝트를 완료하는 데 도움을 준다.

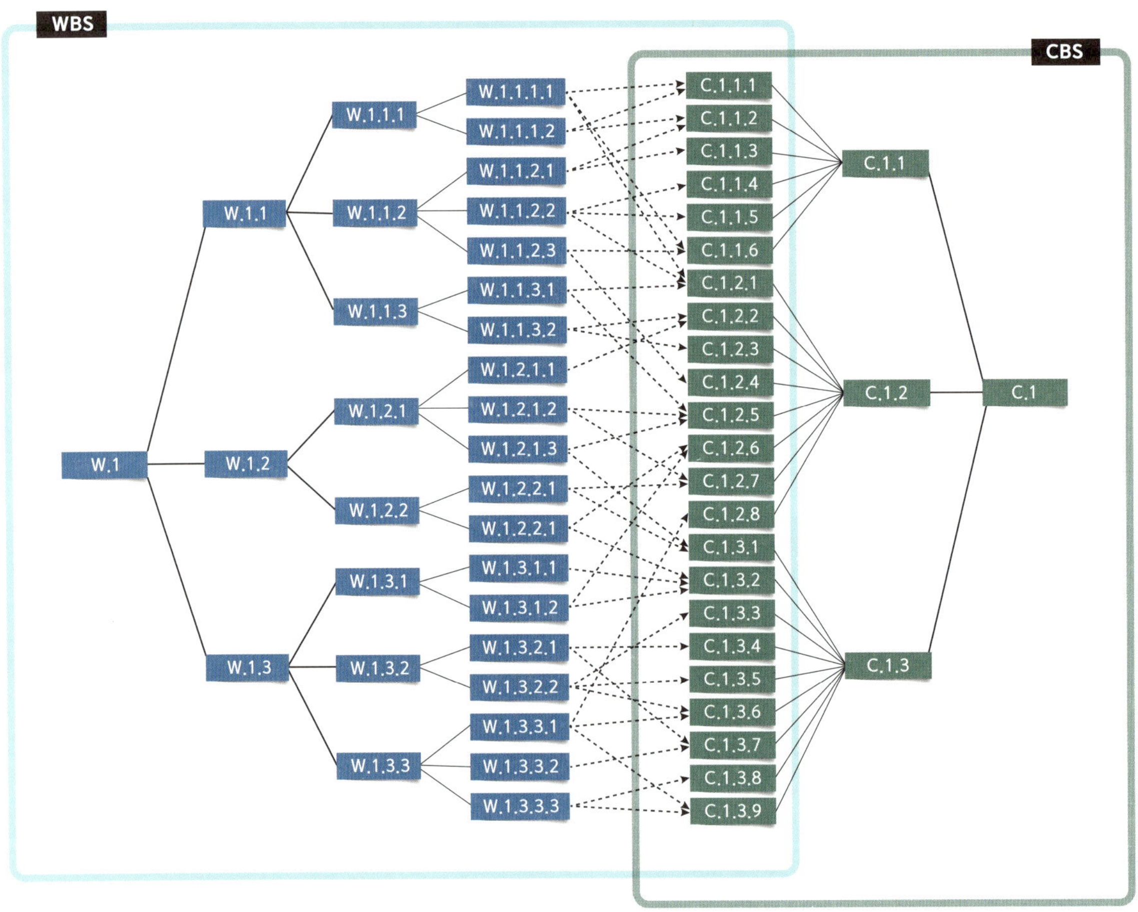

[자료 4-14] WBS와 CBS의 상관관계도

비용·일정 통합관리의 핵심 요소는 상기 [자료 4-14]에서 보는 바와 같이 작업분류체계Work Breakdown Structure, WBS와 비용분류체계Cost Breakdown Structure, CBS의 융합이다. 비용·일정 통합관리는 비용관리와 일정관리를 통합하여 수행한다. 이는 프로젝트의 예산과 일정이 긴밀하게 연결되어 있으며, 예산이 일정을 지원하고 일정이 예산을 반영하는 데 중요한 역할을 한다.[27]

비용·일정 통합관리는 다음과 같은 활동을 포함한다.

(1) 비용과 일정의 기준선 설정 Baseline Establishment

프로젝트 시작 전에 예산과 일정의 기준선을 설정하여 목표를 도출하고 추적할 수 있다.

(2) 비용과 일정의 추정 및 계획 Estimation and Planning

프로젝트의 작업과 활동에 대한 비용과 소요 시간을 추정하고 계획한다.

(3) 비용과 일정의 모니터링 및 제어 Monitoring and Control

프로젝트 진행 중에 비용과 일정을 지속해서 모니터링하고 조정하여 예산과 일정을 준수하도록 한다.

(4) 비용과 일정의 변경 관리 Change Management

프로젝트에서 발생하는 비용과 일정의 변경 요청을 관리하고 영향을 평가한 후 승인 또는 거부한다.

(5) 비용과 일정의 보고 및 평가 Reporting and Evaluation

프로젝트의 비용과 일정 상태에 대한 보고서를 작성하고 프로젝트의 성과를 평가한다.

(6) 비용일정통합관리의 체계 Integrated Management System

비용·일정 통합관리의 체계는 [자료 4-15] 와 같으며 필요한 관리요소는 다음과 같다.

27) 국방부 주한미군기지이전사업단, 2019, 주한미군기지 평택이전사업 종합사업관리

- 프로그램 관리 기준선 Program Management Baseline, PMB
- 작업분류체계/비용분류체계 Work Breakdown Structure/Cost Breakdown Structure
- 프로젝트 번호시스템 Project Numbering System
- 변경절차 Change Procedure
- 관리도구 Management Tool, 예를들어 P6

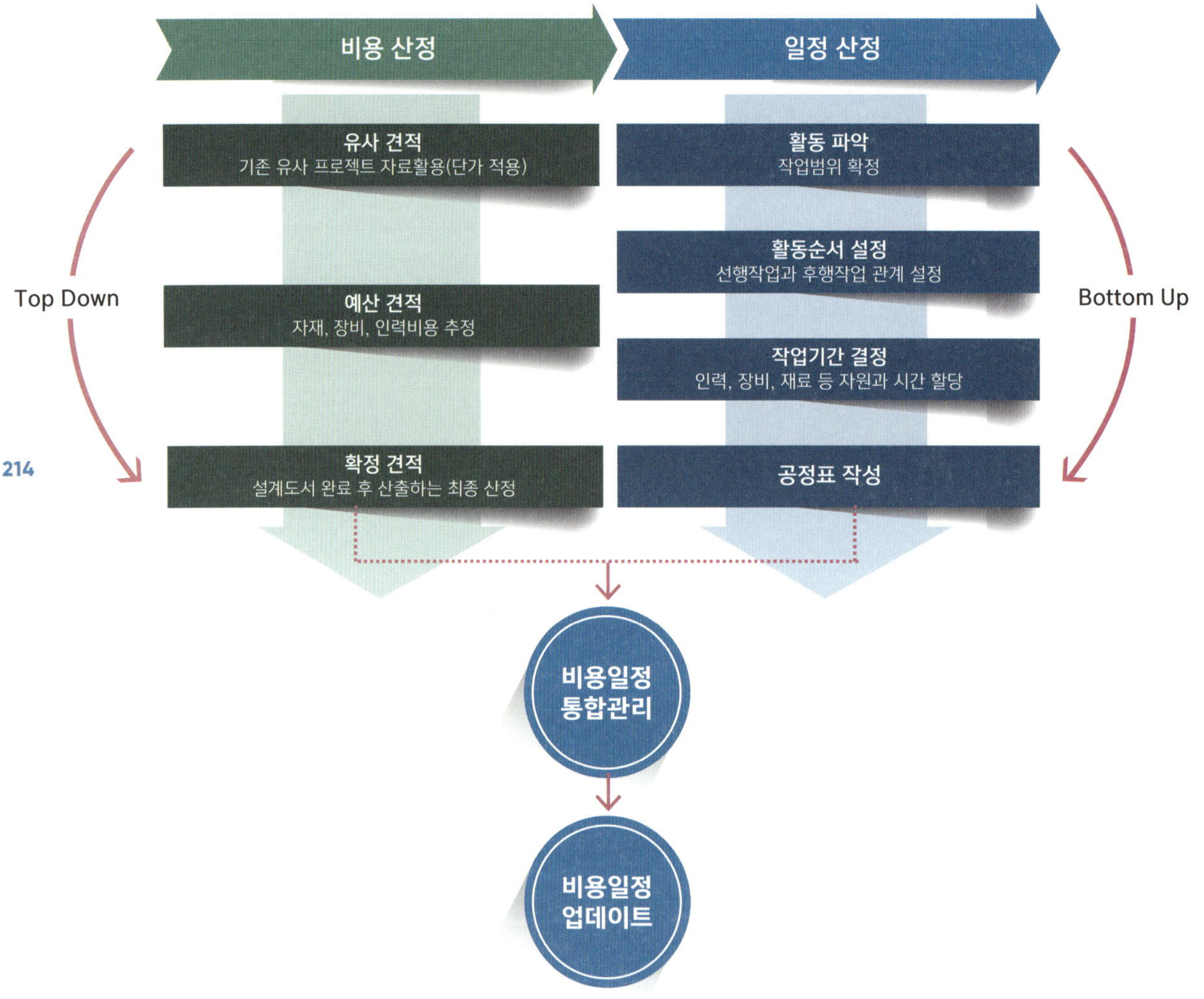

[자료 4-15] 비용·일정 통합관리 체계

비용·일정 통합관리는 프로젝트의 효율성과 효과성을 향상하는 데 중요한 역할을 한다. 이를 통해 프로젝트팀은 예산과 일정을 효과적으로 관리함으로써 프로젝트의 목표를 달성할 수 있다.

5) 변경 관리 Change Management

변경 관리는 프로젝트 수준의 변경관리와 프로그램 수준의 변경관리로 구분할 수 있다.

프로젝트 수준의 변경관리는 프로젝트 내에서 발생하는 변경을 관리하는 것이다. 프로젝트 관리자는 프로젝트의 범위, 일정, 예산, 품질 등을 평가하고 승인하거나 변경을 거부할 수 있으며 모든 변경은 프로젝트 팀 내부에서 수행된다.

그러나 프로그램 수준의 변경관리는 여러 개의 프로젝트로 구성된 프로그램 내에서 발생하는 변경을 의미한다.

프로그램 관리자는 여러 프로젝트간의 조정과 통합을 관리하고 프로그램의 범위, 목표, 편익 등을 관리한다. 프로그램 수준의 관리자는 프로젝트 팀 뿐만아니라 프로그램 팀 및 이해관계자들과의 협력이 필요하다.

변경 관리의 핵심 프로세스는 다음과 같다.

(1) 변경요청 식별 Change Identification

프로젝트 발주자, 이해관계자, 프로젝트 사업관리자 등 다양한 출처를 통하여 변경 요청사항을 식별한다.

(2) 변경 분석 Change Analysis

변경요청의 내용을 분석하여 프로젝트의 범위, 일정, 예산, 품질 등에 미치는 영향을 평가하고 변경의 우선순위 및 변경 실시 여부를 판단한다.

(3) 변경 승인 Change Approval

변경요청이 승인되면 변경사항을 프로젝트의 계획문서에 반영하여 프로젝트의 범위를 변경하고 프로젝트의 계획과 일정을 조정한다.

(4) 변경 실행 Change Execution

변경이 필요한 작업과 활동을 수행하여 변경 사항을 구현하고 프로젝트의 결과물 수정에 포함한다.

(5) 변경 제어 Change Control

변경 요청의 이행과 프로젝트 계획 및 일정의 변경 사항을 추적하고 모니터링한다.

(6) 변경 의사소통 Change Communication

변경 사항에 대한 정보를 이해관계자들에게 전달하고 이해관계자들의 이해와 협조를 구한다.

변경의 유형별, 단계별, 내용별 구분은 다음과 같이 구별할 수 있다.

(1) 변경 유형별 구분 Change Type Classification

- 사용자/ 발주자의 요청에 의한 변경 User Request Change
- 법, 기준, 규정, 작업환경 등에 의하여 요구되는 변경 Required Change

(2) 변경 단계별 구분 Change Phase Classification

- 기획 단계
- 실행 단계
- 모니터링 및 통제 단계
- 종결 단계

(3) 변경 내용별 구분 Change Contents Classification

- 프로젝트/프로그램 관리 계획
- 설계 관리 계획
- 작업 범위, 일정, 비용, 품질 관리 계획
- 보건, 안전, 환경 관리 계획
- 리스크 관리 계획
- 구매, 계약관리 계획
- 조직 및 행정 관리 계획
- 보안 관리 계획 등

6) 최적화 관리 Optimization Management

건설사업관리의 핵심과제는 '목적물을 정해진 공기와 예산 이내에서 요구되는 품질을 달성하여 목적물의 가치를 실현Value Realization하는 것이다. 그러나 이 목적을 달성하기 위해서 관련되는 모든 작업 활동들은 각각 독립성을 갖지만 동시에 상호 의존성을 갖는 특수한 영역이다.

관련된 작업 활동들은 기획단계, 실행단계, 모니터링 및 통제단계, 종결단계, 유지보수단계의 생애주기 전과정에서 이루어짐으로 복잡성Complexity, 다양성Diversity, 포괄성Inclusivity, 그리고 변화성Volatility을 내포하고 있다.

생애주기 전과정에서 관리해야 할 작업 활동은 아래에 열거한 21개 항목으로 구분할 수 있지만 이에 국한되지 않는다.

(1) 통합 관리 Integration Management

(2) 리스크 관리 Risk Management

(3) 행정 관리 Administrative Management

(4) 의사소통 관리 Communication Management

(5) 계약 관리 Contract Management

(6) 인사 관리 Human Resource Management

(7) 공정 관리 Schedule Management

(8) 사업비 관리 Cost Management

(9) 구매 및 물류관리 Procurement & Logistic Management

(10) 정보 및 자료 관리 Information & Data Management

(11) 품질 관리 Quality Management

(12) 안전/보건/환경 관리 Safety/Health/Environment Management

(13) 보안 관리 Security Management

(14) 설계 관리 Design Management

(15) 시공 관리 Construction Management

(16) 간섭 관리 Interface Management

(17) 시운전 및 검사 관리 Commissioning & Inspection Management

(18) 클레임 및 분쟁 관리 Claim & Dispute Management

(19) 재무관리 Financial Management

(20) 입주준비 관리 Outfitting Management

(21) 조정 관리 Tailoring Management

이상에서 살펴본 바와 같이 건설사업관리는 목적물의 생애주기Life Cycle을 통하여 독립적이면서도 의존적인 연계성을 효율적으로 통합하는 기술이다.

따라서 초기에 수립한 공기와 비용과 품질의 목표는 외부환경과 내부환경의 변화에 따라서 지속적으로 가변성을 갖는다

목적물을 생산하는 작업 활동이 진행되는 동안에 국내 또는 국외에서 발생하는 경제환경의 변화(경기침체, 이자율 변동, 물가 변동, 공급망의 변화 등), 기후의 변화(온난화 현상, 지진, 태풍 등), 종교적/이념적 가치관의 차이가 유발하는 국가 간의 갈등과 전쟁 등의 환경 변화와 목적물과 관련된 각종 기준의 변경은 목적물을 정해진 공기와 예산 이내에서 요구되는 품질을 달성하는 가치 실현Value realization을 저해하거나 변경을 요구한다.

벤트 플루비야Bent Flyvbjerg 교수의 메가프로젝트 철칙The Iron Law에 따르면 대규모 프로젝트의 성과로 프로젝트 10개 중 91.5%는 비용이 초과Cost Overruns되었으며, 최대 50%의 비용 초과는 일반적이며 50%를 넘는 경우도 드물지 않게 발생하고 있다고 한다. 국내에서도 유사한 환경이 발생할 잠재적 리스크를 내포하고 있다.[28)]

따라서 건설사업관리의 목표는 초기에 설정한 목표 달성을 위해서 모든 작업 활동들을 어떻게 최적화시킬 것인가에 대하여 역량을 집중하여야 한다.

건설사업관리의 최적화 관리 활동은 일관되게 정의할 수는 없다.

이는 건설사업관리자 및 모든 이해당사자의 협업과 기술과 경험과 역량에 따라서 성취도의 가변성을 수반하고 있기 때문이다.

환경 변화가 발생했을 경우 최적화 관리 방안은 주로 다음 사항을 중점적으로 다루게 된다.[자료2-11] 건설사업관리의 4중제약요건을 토대로 최적화를 위해 범위는 상수이므로 나머지 품질, 공기(시간), 비용이 현장에서 현실적으로 변동하는 경우의 수를 상정한 것이다.

28) Flyvbjerg, Bent, 2017, The Oxford Handbook of Megaproject Management, Oxford University Press.

(1) 공기를 유지하고 비용을 증가시키며 품질을 유지할 것인가?
(2) 공기를 유지하고 비용을 유지하며 품질을 낮출 것인가?
(3) 공기를 단축하고 비용을 증가시키며 품질을 유지할 것인가?
(4) 공기를 단축하고 비용을 유지하며 품질을 낮출 것인가?
(5) 품질을 유지하고 공기연장과 비용을 증가시킬 것인가?

상기 5가지의 변수를 분석하고 평가하여 가장 합리적이고 효율적인 균형점을 도출하는 것이다.

결론적으로 건설사업관리의 최적화라 함은 광의의 의미에서는 제4부에서 제시한 '건설사업관리의 성공 전략'인 사람들People, 프로세스Process, 결과물Product, 디지털 전환Digital Transformation의 모든 작업 활동에서 최고의 실행방법Best Practice으로 최상의 성과와 가치실현Value Realization을 성취하는 것이며, 협의의 의미에서는 앞의 3)에서 제시한 지시·주도 혼합형 관리Push & Pull Hybrid Management를 통하여 '목적물을 정해진 공기와 예산 이내에서 요구되는 품질을 달성'하여 적기Just in Time, JIT에 가치실현Value Realization함으로써 고객의 만족과 사회적, 환경적 요구를 충족할 수 있는 관리수단이라고 할 수 있다. [자료 4-16] 참조

[자료 4-16] **최적화 전략**

12.3 모니터링 및 통제 Monitoring and Controlling

모니터링 및 통제는 프로젝트 진행과 성과를 추적, 검토 및 조정하고, 계획 변경이 필요한 영역을 식별하며, 승인한 변경 사항을 구현토록 조치하는 것을 의미한다.

건설사업관리에서 모니터링 및 통제에는 작업의 모니터링, 변경 통제, 요구사항 추적관리, 일정 통제, 예산 통제, 품질 통제 및 사후 관리, 인적자원 통제, 성과보고, 리스크 모니터링 및 통제 등의 업무가 있다.

프로젝트를 실행하는 과정에서 환경 변화, 고객의 요구 변화, 리스크 및 이슈 발생과 연계되어 다양한 변경 요청이 발생한다.

이러한 변경 요청사항은 건설사업의 범위, 예산, 일정, 품질에 영향을 미치고 자원의 추가 투입을 발생시키는 요인으로 작용할 수 있다.

건설사업은 변경사항 없이 당초 계획대로 수행되는 것이 가장 좋지만, 현실적으로 건설사업의 변경은 불가피하다. 건설사업이 가진 현장 환경 변화에 따른 요인, 법률적 제약에 따라 불가피한 사항도 있다.

건설사업관리의 모니터링 및 통제단계 업무는 다음과 같다.

1) 성과 추적 Performance Tracking

프로젝트의 진행 상황을 체계적으로 모니터링하고, 작업의 완료 여부, 일정 지연, 예산 초과 등을 파악한다. 이를 위해 주기적인 상태 보고서, 작업 일정의 추적, 작업 성과 측정 등의 방법을 사용한다.

2) 검토 및 조정 Review & Adjustment

프로젝트에서 필요한 자원(인력, 장비, 예산 등)을 효율적으로 관리하고, 자원 할당과 사용을 모니터링한다. 이를 통해 자원의 효율성과 프로젝트 일정을 유지하고 조절할 수 있다. 프로젝트 진행 중 발생할 수 있는 리스크를 식별하고, 리스크의 가능성과 영향을 평가하며, 리스크 대응 계획을 수립하고 리스크를 모니터링하여 필요한 조치를 한다. 프로젝트 결과물이 목표에 부합하는 품질을 갖추도록 검토 및 조정하고 품질 기준을 설정하여 품질 점검 및 검증 활동을 통해 품질 관리를 보장한다.

이러한 검토 및 조정은 프로젝트의 진행 상황을 파악하고 조절하여 목표 달성을 위한 필수적인 역할을 수행한다.

3) 계획변경 Plan Change

프로젝트 진행 중에 변경 요청이나 이슈가 발생할 수 있다. 모니터링 및 통제 단계에서는 이러한 변경 사항을 평가하고, 변경의 영향을 분석하여 승인 또는 거절 결정을 내린다. 변경이 승인된 경우, 이를 관리하고 조정하여 프로젝트에 영향을 미치지 않도록 한다.

12.4 종결 Closeout

건설사업관리의 종결이란, 건설사업의 모든 활동을 마무리하여 완성하는 단계를 말한다. 건설사업을 통해 학습된 교훈과 행정적인 프로젝트의 종결과 계약적인 종결을 포함한다. 주요 업무에는 종결회의, 시험 및 시운전, O&M 매뉴얼, 교훈과 훈련 등을 들 수 있다.

1) 종결회의 Closeout Meeting

건설사업의 효과적인 마무리와 사용자에게 적시 시설물 인계를 위해 관련된 이해관계자가 모여서 준공 및 시설인계의 절차에 대해 조치해야 할 사항을 논의하고 책임을 할당하는 업무 활동을 말한다.

준공일 이전에 이해관계자의 요구사항이 완료될 수 있도록 사전에 종결회의를 실시하여 각각의 이해관계자별 조치사항을 확인하고 미결사항에 대해 준공일 이전에 조치하기 위한 일정과 담당을 확인한다.

2) 시험 및 시운전 Testing & Commissioning

건설사업의 요구사항 및 설계 의도를 충족하고 설계된 대로 작동하는지 확인하는 포괄적이고 체계적인 프로세스로 시스템에 대해 정해진 성능시험과 각종 장비나 기기의 동작 여부를 시험하고 이상이 없는지 확인하는 것을 의미한다.

시험Testing은 시스템의 설계에서 의도하는 대로 기능을 발휘하도록 시험하고, 점검 및 조정하는 것으로 시운전 이전에 수행하는 것이다.

시운전Commissioning, Cx은 모든 관련 작업이 성공적으로 완료된 후 원료를 공급하여 운전 지침서 및 절차에 따라 시설물을 차례로 가동하여 이들의 성능이 요구된 설계기준에 부합되는지를 조정, 확인하는 시험 운전 과정을 말한다.

시험 및 시운전은 실질적으로 시설물이 운전 가능하도록 하는 것이다.

3) 유지관리 매뉴얼 O&M Manuals

완공된 시설물의 기능을 보전하고 시설물 사용자의 편의와 안전을 높이기 위해 운영유지 계획을 수립, 매뉴얼을 준비한다. 이러한 매뉴얼은 사용자·운영자가 원활하게 시설을 운영 유지할 수 있도록 구체적으로 제시되어야 한다.

4) 교훈과 훈련 Lessons & Training

건설사업수행 간 산출된 모든 결과물을 정리하고 프로그램을 통해서 얻은 교훈을 전사적 차원에서 공유하고 필요한 요소는 훈련을 통해서 다른 유사한 프로그램에 적용하고 향후 건설사업에서 교훈으로 활용할 수 있도록 조치하는 업무 활동을 말한다.

12.5 유지관리 Operation & Maintenance Management, O&M

유지관리는 건설사업 종결 이후 완공된 시설물의 기능을 보전하고 시설물 이용자의 편의와 안전을 도모하기 위하여 일상적으로 점검하고 정비하여 손상된 부분을 원상복구하는 등 시설의 기능유지 보전에 필요한 활동을 의미한다.

유지관리는 시설물의 종류와 용도에 따라 그 관리 범위가 다양하다. 시설물이라 함은 아파트 등 주거용 시설물, 사무실/호텔/숙박시설 등 상업용 시설물, 학교-교육시설/병원-의료시설/문화시설/교통시설 등 공공용 시설물, 공장-제조시설/창고-물류시설 등 산업용 시설물 등 건물의 종류와 용도에 따라 다양하게 구분할 수 있다.

따라서 유지관리를 해야할 항목은 이러한 시설물들의 종류와 용도에 따라 변동되지만, 공통적이고 중점적으로 유지관리를 해야 할 항목은 아래와 같다

- 급·배수시설(상하수 시스템)
- 냉·난방시설(냉난방 배관시스템, 에어컨, 보일러 등)
- 전기시설(전기배전시스템, 조명시스템, 비상전원시스템 등)
- 소방시설(화재탐지시스템, 화재경보시스템, 소화기, 소화전 등)
- 통신시설(유무선 통신시스템, CCTV, 인터넷 및 데이터 네트워크 등)
- 온·습도 및 환기시설 (가습/제습기, 환기팬 등)
- 안전시설(비상경보시스템, 비상대피시스템, 비상조명 등)

이상의 항목들은 유지관리메뉴얼이 잘 준비되어야 하며 시설물 유지관리자는 준비된 메뉴얼에 따라 정기점검 또는 수시점검을 실시하고 미비한 부분은 적기에 보수하여 시설의 안전과 기능을 유지해야 한다.

1) 운영 Operation

운영이란 시설을 운영하는 사람, 조직, 공간, 유틸리티 등 시설물을 운영하는 것을 의미한다. 사람과 조직에는 비즈니스의 연속성, 공간 변경, 마케팅, 회계, 정보통신기술, 보안관리, 화재, 청소 등의 역할이 포함된다. 시설물 운영에는 다양한 역할이 있지만 핵심은 각자 관리해야 하는 모든 사람의 안전과 인명을 지키는 것이다.

운영자는 두 가지 수준에서 최적화가 필요하다. 첫째는 공간과 비즈니스 리스크, 서비스를 이해하는 것이다. 둘째는 운영하는 시설물 운영비용의 최적화로 효율성에

기여하는 것이다.

2) 유지관리 Maintenance Management

유지관리는 이용자의 안전과 편의를 높이고 건물 점검, 진단 및 보수를 통해 사용가치를 높이거나 가장 효율적으로 건축물을 활용하는 것을 의미한다.

시설 건설 후 사용자가 운영하기 위해서 개별 프로젝트에 대한 유지관리 준비뿐만 아니라, 전체 프로그램의 통합된 유지관리 계획, 매뉴얼 준비, 사용·운영자에 대한 교육, 하자보증을 수행한다. 최근 유지관리는 효율적 운용을 위해서 시설관리 시스템Facility Management System, FMS, 빌딩자동화 시스템Building Automation System, BAS, 빌딩에너지관리시스템Building Energy Management System, BEMS, 보안방재 통합관리 시스템Security and Disaster Management System, SDMS, 유지보수 모니터링 시스템Maintenance Monitoring System, MMS 등 최신 설비 및 서비스가 도입되어 있어 건물의 안정적 유지보수 및 인력 효율화를 도모한다.

3) 자산 관리 Asset Management

자산관리는 부동산 자산의 포트폴리오 관점에서 종합관리하는 것을 말한다. 부동산 자산의 매입, 매각, 리모델링 등을 통해서 자산 소유자의 부Wealth나 기업의 자산 가치 향상을 위해 부동산의 가치를 극대화하는 것이다. 자산관리는 현재의 자산을 단순히 유지관리하는 차원을 넘어 소유자의 목적에 따라 '포트폴리오 관점Portfolio View'에서 부동산 자산과 부채를 전문적이고 종합적으로 경영 및 관리하는 것이다.

chapter 13

결과물 (Product)

제 13 장

결과물
(Product)

건설공사의 결과물이란 건축, 토목, 설비, 전기, 소방, 조경, 지휘통제command & control · 통신communication · 컴퓨터computer · 정보intelligence 등 C4I 체계를 복합하여 건설된 실제 구조물을 말하지만, 이 장에서 다루는 건설사업관리의 결과물이란 프로젝트 생애주기를 통하여 프로젝트의 핵심적인 부분을 관리하여 성과를 도출하는 핵심 관리영역을 의미한다.

아래에서 설명하는 핵심 관리영역의 성과는 사업관리자, 이해관계자, 사용자 및 사회적, 환경적 요구를 충족하는 최고의 결과물Best Product을 창출한다.

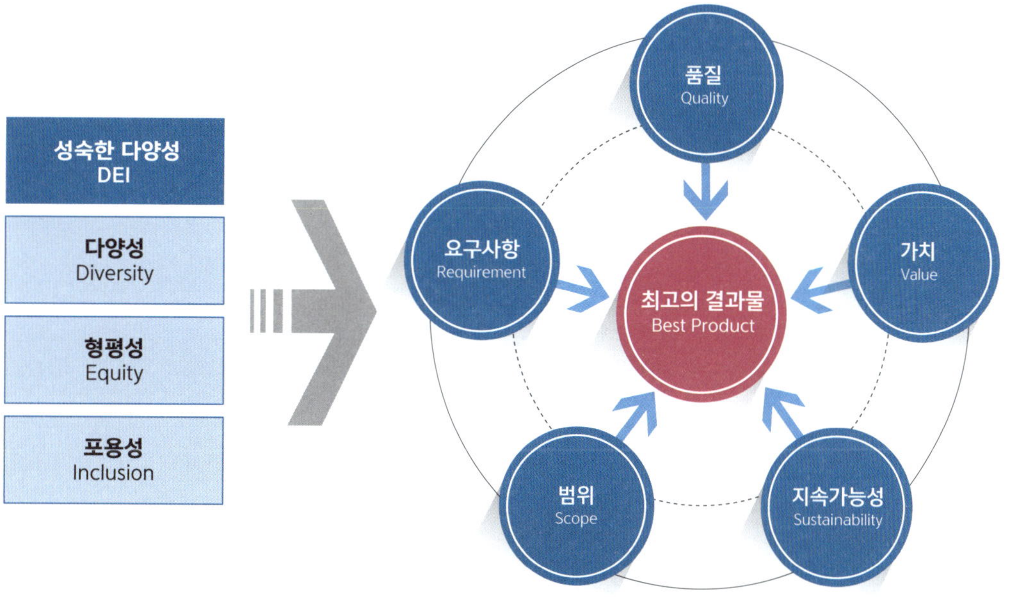

[자료 4-17] 건설사업관리의 성공전략(결과물)

13.1 범위 중심 Focusing on Scope

범위관리는 건설사업을 성공적으로 완료하기 위해 사업에 필요한 모든 작업이 포함되었는지 확인하고, 고객의 요구사항 분석, 문서화, 변경 관리를 하는 과정이다.

따라서 명확한 범위 선정은 향후 범위의 변경을 최소화할 수 있기에 계획 재수립, 재작업 등의 낭비 제거를 통해 인력, 자재, 원가 지출을 최소화할 수 있으며, 변경이 발생한 사항에 대해서는 사업관리자 및 이해관계자와의 긴밀한 소통을 통해서 비용과 일정의 영향을 분석, 평가, 조정함으로써 프로젝트 최적의 결과물을 산출한다.

범위 중심의 핵심 고려사항은 아래와 같으나 이에 국한되지는 않는다.

1) **범위에 대한 정의** Scope Definition
2) **예산 관리** Cost Management
3) **일정 관리** Schedule Management
4) **품질 관리** Quality Management
5) **리스크 관리** Risk Management
6) **변경 관리** Change Management
7) **의사소통 관리** Communication Management
8) **결과물 검토 및 검증** Product Review and Verification
9) **결과물 인도 등** Product Delivery, etc.

13.2 요구사항 중심 Focusing on Requirement

요구사항 관리는 건설사업을 정의, 관리, 확인, 검증하고, 아이디어 구상에서 결과물의 인도에 이르는 제품 수명 주기의 모든 단계에서 이해관계자의 요구사항을 충족하는 프로세스를 말한다.

건설사업의 요구사항을 개념 설계에 연결하고 통합하여 요구사항이 달성 가능한지, 요구사항 이행과 관련된 리스크를 포착하고 완화할 수 있는지를 건설사업관리 초기단계에 지원하는 해결책이며, 개념 설계에서 프로젝트 요구사항을 정확하게 설정하고 세부 사항을 실시설계에 반영하고 개발하여 프로젝트의 최적 결과물을 산출한다.

요구사항 중심의 핵심 고려사항은 아래와 같으나 이에 국한되지는 않는다.

1) 프로젝트의 범위 Project Scope
2) 사용자의 요구사항 User Requirement
3) 기술적인 요구사항 Technical Requirement
4) 법적인 요구사항 Legal Requirement
5) 예산과 일정 요구사항 Cost and Schedule Requirement
6) 품질 요구사항 Quality Requirement
7) 리스크 요구사항 Risk Requirement
8) 변경 요구사항 Change Requirement
9) 의사소통 요구사항 등 Communication Requirement, etc.

13.3 품질 중심 Focusing on Quality

품질 중심은 건설사업관리의 결과물을 품질에 주안점을 둔 접근 방식을 의미한다. 이는 결과물의 성능을 최대화하고, 발주처에게 우수한 경험과 가치를 제공하는 것을 목표로 한다.

품질 중심 접근방식은 다음과 같은 특징을 가지고 있다.

1) 표준과 기준 Standard and Criteria

결과물의 품질을 평가하기 위해 기준과 표준을 정의하고 준수하는 것이 중요하다. 이는 품질 관리체계를 구축하고, 품질 관련 프로세스와 절차를 정립하는 것을 포함한다.

2) 문제 예방 Problem Prevention

결과물의 설계단계부터 품질 문제를 사전에 예방하기 위해 품질관리계획을 수립하고, 건설사업관리 착수 시 착수 회의, 초기 제출물 관리, 품질검사와 시험, 품질 보증을 위해 노력한다. 설계, 시공, 시설물 인도 등의 단계에서 품질에 대한 주의를 기울이며, 잠재적인 결함이나 문제를 사전에 찾아내고 수정한다.

3) 지속적인 향상 Continuous Improvement

품질은 정적인 개념이 아니라 동적인 개념으로서 향상을 추구한다. 지속적인 품질 개선을 위해서는 실행 후 수행되는 피드백Feed Back보다 작업이 수행되기 전에 결함이나 문제점을 예측하여 품질목표 달성 가능성을 높이는 예방적 접근방식Feed Forward의 과정이 더 중요하다. 활동을 수행하기 전에 성공에 필요한 정보나 의견과 자료를 수집하고 분석하여 개선 기회를 찾고, 프로세스나 결과물의 결함을 개선하는 등의 노력은 활동이 끝난 후 수행하는 것보다 사전에 진행되어야 한다.

4) 고객 중심 Focusing on Customer

발주처와 고객의 요구와 기대에 부응하는 결과물을 제공하는 것이 건설사업관리의 최종 목표이다. 발주처의 요구사항을 정확히 파악하고 수용하여 그에 맞춰 결과물을 개선해 나가야 한다.

품질 중심은 발주처 및 고객의 만족도를 높이고, 경쟁력을 강화하기 위해 품질을 우선으로 하는 전략이다. 품질 중심의 접근방식을 통해 고객이 요구하는 결과물을 제공하여 고객과의 신뢰를 구축하고, 지속적인 성장과 발전을 이룰 수 있다.

13.4 가치 중심 Focusing on Value

건설사업관리는 이전에 없던 가치를 창출하기 위해 수행한다. 따라서 건설사업관리가 목표한 결과물Product을 기간 내, 예산 내에 만든다고 건설사업관리가 성공한 것이 아니다. 그 결과물이 목표로 하는 가치를 실현해야 한다.

가치Value는 발주처, 고객, 최종사용자, 내부 이해관계자, 외부 이해관계자 등의 요구에 따라 건설사업관리의 가치가 달라진다.

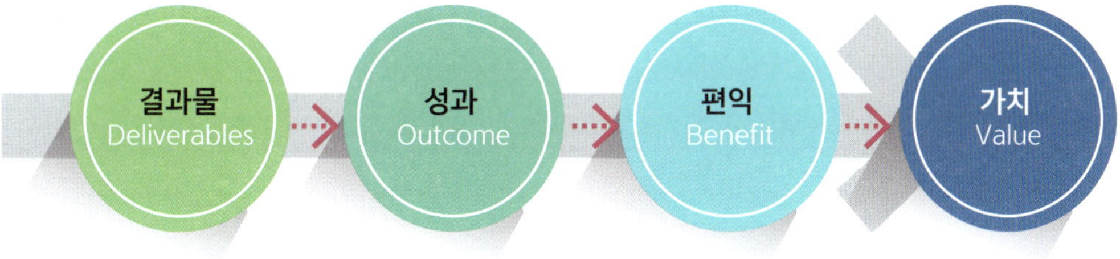

[자료 4-18] 가치의 흐름

[자료 4-18]에서 보는 바와 같이 가치의 흐름은 건설사업관리의 결과물을 통해 성과를 생성하고, 성과를 통해 편익을 실현한다. 그리고 편익은 가치, 즉 건설사업관리의 유용성이 있는 가치를 실현할 수 있다.

건설사업관리가 가치 중심으로 변화하는 것은 고객이나 사회와 연결된 새로운 가치 창출 체계를 구축하고, 이를 통해 기업이 지속 가능한 경영을 끌어내는 것을 의미한다. 이는 기업이 단순한 이윤 추구에 그치지 않고, 고객과 사회의 요구를 충족시키는 제품과 서비스를 제공하는 것을 목표로 한다. 이러한 가치 실현은 기업의 이미지와 브랜딩을 강화하고, 경쟁력을 제고할 수 있다.

건설사업의 전체 생애주기동안, 가치 중심으로 전환하기 위해서는 가치 창출, 가치 전환, 가치 실현 등 3가지 목표가 필요하다.

1) 가치 창출 Value Creation

가치 창출이란 건설사업 착수시 사업의 목표와 프로젝트를 통해서 무엇을 달성할 수 있는지를 정의하는 것이다. 프로젝트를 제대로 정의하려면 프로젝트와 관련된 모든 이해관계자가 참여하여 요구사항을 도출하고 종합하여 프로젝트의 목적과 종료 예정일을 정하고, 예산을 검토하여 프로젝트 결과물과 성과, 편익과 가치를 구체적으로 작성한다.

가치를 구체적으로 작성하는 방법은 'SMART 원칙'[29)]을 활용할 수 있다.

(1) 구체성 Specific

프로젝트의 목표와 기대치가 분명히 정의되어야 한다. 목표가 너무 광범위하거나 모호하지 않도록 한다. 건설사업의 준공 기한, 예산 등을 구체적으로 정의한다.

(2) 측정 가능성 Measurable

무언가를 측정할 수 없다면 프로젝트가 잘 진행되고 있는지 또는 계획에서 벗어나 일정을 변경해야 하는지 알 수 없다. 측정 기준은 이해관계자가 합의된 기준을 설정하면 관련된 모든 관계자가 각자의 성과를 평가하고 계획된 일정에 따라 사업을 수행할 수 있다.

(3) 달성 가능성 Achievable

가치를 창출하기 위해 현실적인 능력 내에서 목표를 세우는 것이 중요하다. 예산은 한정되어 있는데 최고의 품질을 추구해서도 안 되고, 특수구조물을 건설하는데 경험과 역량이 없는 기술자를 투입해서도 안 된다. 현재 환경과 사용할 수 있는 기술의 범위를 벗어나지 말아야 한다.

(4) 현실성 Realistic

달성할 수 있게 목표를 세우는 것과 마찬가지로 목표는 현실적이어야 한다.

결코 도달할 수 없는 목표를 세우면 프로젝트팀은 목표 달성을 위해 노력하지 않을 수 있으며, 한편 너무 쉬운 목표를 세워도 팀은 더 발전하지 않을 수 있다.

29) SMART 원칙이란 "Specific, Measurable, Achievable, Realistic, Time-bound"의 약자로 목표 설정에 있어서 구체적이고 명확한 목표를 설정하도록 도와주는 것을 말한다.

(5) 분명한 마감 기한성 Time-bound

SMART의 마지막 글자는 자주 간과되는 경향이 있는데, 목표에 마감 기간을 두는 것은 아주 중요하다. 기한이 있는 목표는 종결 지점에 사용자에게 인계되고, 사용자는 시설물을 운영하기 위해 장비 설치 등이 연계될 수 있다. 마감 기한에 프로젝트가 종결되지 않은 경우, 후속되는 프로젝트에 영향을 줄 수 있으므로 현실적인 필요를 바탕으로 확실한 마감 기간이 있어야 한다.

2) 가치 전환 Value Transition

프로젝트가 진행됨에 따라 당초 계약 내용과 다른 요구사항이 발생하거나, 불가항력적인 사유 또는 자재 공급이 지연되면 공사 기간을 변경한다. 변경이 계약당사자 간 수용할 수 있는 수준에서 발생하면서 변경관리가 불필요하다. 그러나 변경에 따른 일정, 비용 등 추가 적인 자원이 필요한 경우 변경 관리 절차를 수행한다. 프로젝트의 결과물이 실제로 최종 사용자의 가치로 전환될 수 있도록 관리가 필요하다.

3) 가치 실현 Value Realization

가치 실현이란 건설사업의 목표로 하는 가치를 실제로 달성하는 것을 의미한다.

이는 기업이나 조직이 자원과 노력을 통해 기대되는 가치를 실제로 창출하고 실현하는 과정을 말한다. 특히 시공단계의 계약상대자 중심에서 운영유지 단계의 이용자 즉 사용자 중심으로 전환되고, 운영조직에서 새로운 가치를 실현할 수 있도록 관리하는 것이다.

13.5 시설물의 지속가능성 Facility Sustainability

지구온난화로 인해 전 세계적으로 가뭄, 홍수, 이상고온 등 예측 불가능한 각종 기후변화 피해가 지속해서 발생하고 있다. 이러한 지속적인 기후변화 피해를 해결하기 위해 국제협약이 유지되고 있으며, 각종 경제개발 논의에서도 친환경 녹색 성장에 대한 요구가 증대되는 상황이다. 2015년 9월 25일 제70차 UN 개발 정상회의에서 '2030 지속가능개발 의제'가 채택되면서, 경제·사회·환경 측면의 통합적 지속가능개발 목표Sustainable Development Goals가 새로운 개발 목표로 설정되었다. 2015년 12월에는 제21차 유엔기후변화협약 당사국총회 본회의에서 195개 당사국이 2020년 이후 산업화 이전 수준 대비 지구 평균온도가 2℃ 이상 상승하지 않도록 온실가스 배출량을 단계적으로 감축하기로 한 협정(파리협정)을 체결하였다. 이 협정에서 각 국가는 온실가스 감축목표를 자발적으로 정하여 자발적 국가감축 목표Independently Nationally Determined Contribution, INDC라는 이름으로 UN에 제출하였는데, 한국은 2030년 목표연도 배출전망치 대비Business As Usual, BAU 37% 감축목표를 제시하였다. 2017년 6월 한국에서 개최되었던 아시아인프라투자은행Asian Infrastructure Investment Bank, AIIB의 제2차 총회에서도 '친환경Green'이 3대 운영 원칙 중 하나로 제시되면서 향후 국제개발 의제에서 환경적 지속가능성의 중요성이 더욱 강조되는 추세이다.

1) 시설물의 지속가능성

시설물의 지속가능성은 프로젝트의 기획 단계, 실행 단계, 모니터링 및 통제 단계, 종결 단계의 프로젝트 생애주기 동안에 걸쳐 계획하고 검토되고 수행하여야 할 핵심과제 중의 하나이다.

기획 단계에는 시설물의 지속가능성 목표를 수립하고 발주자 및 이해관계자들 사이의 책임과 역할을 설정하여야 한다.

설계과정에는 시설물의 지속가능성 목표에 대한 구체적인 과업 범위와 항목을 확정하고 에너지, 수질, 실내 환경의 품질, 사용 자재 등이 환경에 미치는 영향을 검토하여야 한다.

실행 단계는 건설사업관리자와 이해관계자 및 시공사 간에 시설물 지속가능성에 대한 사전회의를 시행하여 기획 단계 설계과정에서 확정된 과업 범위와 항목을 재확인하고 조율하며 이를 이행하는 과정을 모니터링하고 통제하여 문서화를 통하여 종결시켜야 한다.

문서화하여야 할 항목은 아래와 같으나 이에 국한되지는 않는다.

- 폐기물 재활용에 관한 사항
- 폐기물 감량에 관한 사항
- 배출량 완화에 관한 사항
- 소음, 진동 완화에 관한 사항
- 먼지 감소에 관한 사항
- 친환경 건물Leadership in Energy and Environmental Design, LEED에 관한 사항 (프로젝트 계약 조건에 포함된 경우)
- 에너지 성능에 관한 사항
- 수질 보호 및 보존에 관한 사항
- 실내 환경 품질향상에 관한 사항
- 사용 자재의 환경영향 감소에 관한 사항
- 공용시설 모니터링에 관한 사항
- 자동제어 시스템에 관한 사항
- 공기조화기술Heating, Ventilation & Air Conditioning, HVAC에 관한 사항
- 안전과 보안에 관한 사항 등

이상에서 열거한 시설물의 지속가능성에 대한 핵심요소들은 시설물의 내부환경 뿐만 아니라 외부 환경에도 긍정적 또는 부정적 영향을 지속해서 미치게 된다.

건설사업관리의 최적화 관리를 통하여 이러한 요소들이 정량적 또는 정성적으로 균형점을 이루면 건설공사의 성공적인 결과물을 도출하게 될 것이다.

2) 환경·사회·거버넌스ESG

ESG는 환경Environment, 사회Social, 거버넌스Governance의 첫 글자로 조합된 것이다. ESG는 기업의 중장기 기업가치에 막대한 영향을 주는 비재무적 지표라 할 수 있다. 건설산업은 ESG 확산으로 인해 다른 산업보다 더 많은 영향을 받고 있다. UN 환경계획보고서에 따르면, 전 세계 탄소 배출량 중 건설업의 비중은 37%, 에너지 소모량은 36%나 된다고 한다.

건설산업에서 환경E은 건설 현장에서의 에너지 소비, 자원 낭비, 폐기물 처리 등에 기인한다. 특히 건설기계의 연료 소모와 건축 자재의 대량 사용으로 인한 탄소 배출이 문제다.

사회적 책임S은 고용, 하도급, 협력업체와의 관계 등이 핵심이다. 안전 조건과 노동 시간, 고용의 다양성도 중요하다.

거버넌스G는 건설기업의 투명성과 윤리성이 주요 이슈이다. 의사 결정 과정에서 기업 내부에서의 모니터링 체계 구축, 거버넌스 구조에 참여하는 모든 이해관계자 간의 정보교류가 강조된다.

이에 따라 건설생산 과정에서 ESG는 재무적 부담이 가중되고 있다. 그동안 건설기업들은 ESG 분야에 관심이 낮았다. 따라서 환경 등 ESG 규제의 증가는 건설생산의 과정에 장애 요인으로 작용하여 비용 부담이 증가하고 관리에 어려움이 많아지고 있다. 특히, 건축물 시공 과정에서 환경문제가 많아 어려운 점이 있다. 건설사업은 시공회사와 협력업체와 하도급 구조를 통해 이루어지므로, 생산에 참여하는 다양한 주체들의 ESG에 대응한 활동이 요구된다. ESG는 투자자들로부터 자금을 조달하는데 새로운 평가 기준으로 작용할 것이므로, 건설기업의 자금조달에도 영향을 미칠 것이다. ESG는 환경규제를 통해 자재, 기계설비, 장비 등 건설시장에도 막대한 영향을 미칠 것이다. 한편, ESG가 확산되면 환경 관련 새로운 건설 수요가 창출될 것이다. 2020년 발표된 '2050년 탄소 중립' 선언으로 탄소 배출을 저감하고, 유해 물질에 대한 대응 그리고 화석연료를 대체하는 재생에너지 수요 증대 등은 건설시장에 호재로 작용할 것이다. 풍력과 태양광 발전 시설 건설, 환경요소를 고려한 그린 리모델링, 제로에너지 건축 등이 늘어날 것이다. 이러한 변화는 건설공사의 성공적인 결과물을 도출하게 될 것이다.

13.6 다양성, 형평성, 포용성 Diversity·Equity·Inclusion, DEI

팬데믹 이후 이전에 없던 근무 형태가 보편화되고 건설 현장에는 외국 국적을 가진 근로자들이 점점 증가하면서 조직 내에선 다양성과 형평성, 포용성을 의미하는 DEI에 대한 요구가 높아지고 있다.

건설산업에서도 다양하고 공정하며 포용적인 문화를 조성하는 것은 인력들을 고용하고 훈련하며 성장하고 지속적인 변화를 불러오는 데 필수적인 요소이다.

건설 현장 특성상 우리는 다양성을 중요시하며 나이, 민족, 인종, 피부색, 장애, 학습 방법, 종교, 믿음, 사회경제적 위치, 문화, 결혼, 사용 언어, 성별, 정체성 등에 관계없이 그리고 생각, 사고, 가치, 믿음의 차이에 상관없이 모든 배경의 사람들이 조직에 기여하기를 장려하며 존중해야 한다.

성숙한 DEI 프로그램을 보유한 조직은 다음과 같은 긍정적 성과를 창출할 수 있으며 이는 건설공사의 성공적인 결과물을 도출하게 될 것이다.

(1) 민첩성과 혁신성 Agility and Innovation
(2) 인지도 향상 Increase Visibility
(3) 조직 역량 향상 Enhance Organization Competence
(4) 글로벌 경쟁력 향상 Improve Global Competitiveness

chapter 14

디지털 전환 (Digital Transformation)

제 14 장

디지털 전환 (Digital Transformation)

디지털 전환Digital Transformation은 고객을 위한 새로운 가치를 창출하기 위해 정보통신기술을 구축 및 활용하여 기존의 전통적인 운영방식과 서비스 방식을 혁신하는 것이다.

2016년 세계경제포럼은 건설산업의 미래전망 보고서를 통해 건설산업의 디지털 전환과 4차 산업혁명 시대에 나아갈 방향을 제시하였다. 건설산업은 혁신적인 디지털 전환을 통해서 생애주기비용을 12~16% 절감할 수 있고, 공사 기간을 15~30% 단축할 수 있다고 하였다World Economic Forum Report, 2016. **30)**

건설산업의 디지털 전환 기술로는 건설정보모델링Building Information Modeling, BIM, 공장생산형 건축Off-Site Construction, OSC, 로봇 프로세스 자동화Robotic Process Automation, RPA, 디지털 트윈Digital Twin, 사물인터넷Internet of Things, IoT, 사업관리정보시스템Project & Program Management Information System, PMIS 등의 기술이 있다. 이러한 디지털 전환 기술의 통합관리Digital Integration Management는 건설사업관리의 성공을 위한 한 축을 이루게 된다.

30) 김우영, 2022, 건설산업의 디지털 전환 동향과 대응 방향, 건설이슈 포커스, 건설산업연구원

디지털 전환 기술은 '디지털 기술', '스마트 건설기술', '4차 산업혁명 시대의 주요 첨단기술' 등 다양한 용어로 사용되고 있다. 앞서 언급한 디지털 전환 기술 외에도 인공지능, VR/AR, 3D 프린팅, 로보틱스, 무인 항공기(드론 등), 모듈러, 데이터 고급 분석(빅데이터 등), 지능형 건설장비, 프리패브리케이션, 자율 건설, 클라우드 및 실시간 협업, 모바일 인터페이스, 내장형 센서, 웨어러블, 고객과의 소통 및 프로파일링 등 디지털과 관련된 다양한 기술과 도구가 있다.

디지털 기술 중에서 건설산업에 적용할 수 있는 기술을 유형별로 분류하면 다음과 같다.

(1) 플랫폼 기술 : BIM, 클라우드 및 실시간 협업, 사물인터넷, 모바일 인터페이스
(2) 데이터 수집 기술 : 사물인터넷, 무인항공기(드론 등), 내장형 센서
(3) 데이터 분석 기술 : 데이터 고급분석(빅데이터 등), 인공지능
(4) 데이터 혁신 기술 : AR/VR, 공장생산형건축OSC, 3D 프린팅, 로보틱스, 모듈러, 지능형 건설장비, 프리패브리케이션, 자율건설

이러한 디지털 기술과 도구는 프로젝트의 특성과 규모에 따라 가변적으로 적용할 수 있다. 예를 들어, BIM 지침은 국토교통부 BIM 지침 체계에 따라 '국토교통부 건설 산업 BIM 기본 지침', 도면정보교환 표준과 전자도면작성 표준, 건설정보분류 체계, 작업분류체계, BIM 대가 기준을 규정한 '국토교통부 건설산업 BIM 시행지침'을 참고할 수 있다. 또한, 각각의 발주처(국가, 지방자치단체, 공사 및 공단 등)에서 건축, 토목 등 분야별 BIM 적용 지침과 분야별 BIM 실무요령을 다운받아 활용할 수 있다.

따라서, 본 장에서는 이러한 디지털 전환의 개별 요소기술과 도구에 대해 구체적으로 설명하기 보다는 앞서 설명한 3P(사람들, 프로세스, 결과물)를 디지털 전환으로 구현하기 위한 상위 수준의 방향을 제시한다.

다음 [자료 4-19]는 디지털 전환 기술과 건설사업관리의 성공과의 관계를 나타낸 것이다.

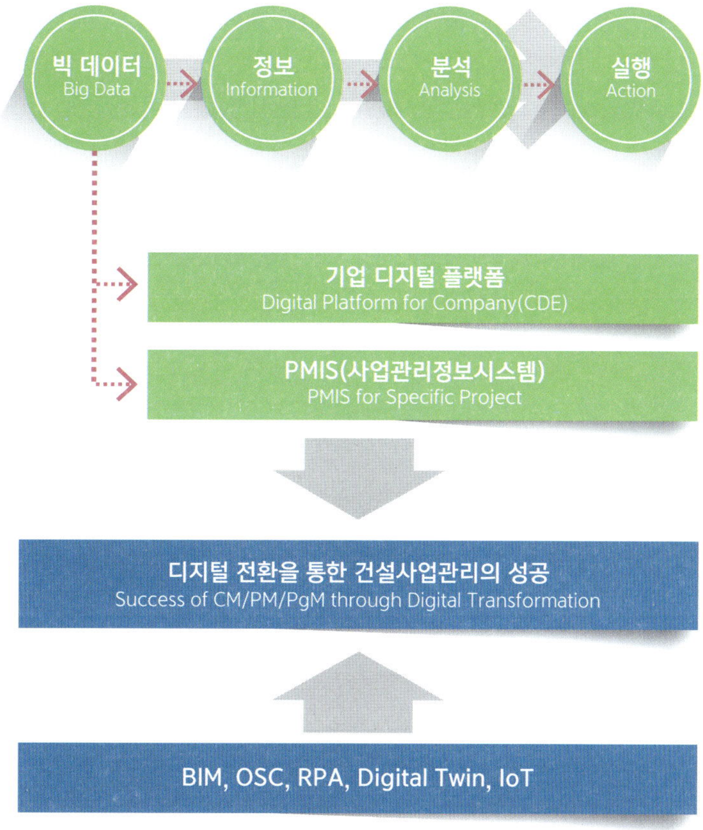

[자료 4-19] 건설사업관리의 성공전략(디지털 전환)

14.1 디지털 전환 기술 Digital Transformation Technology

디지털 전환 기술이란 전통적인 건설기술에 첨단 기술을 적용함으로써 건설 비용 절감, 공사기간 단축, 현장 안전 제고 등과 이를 통한 건설산업 발전을 목적으로 개발된 공법, 장비, 시스템 등을 의미한다. 국토교통부의 '스마트 건설기술 로드맵'에서는 제시한 12가지 디지털 전환 기술의 종류는 BIMBuilding Information Modeling, 드론, VR & AR, 빅데이터 & 인공지능, 3D 스캐닝, 사물 인터넷, 디지털 트윈, 프리팹, 모바일 기술, 로보틱스, 디지털 맵, 자율주행 등이 있다.

건물은 보다 스마트해지고 안전하며 지속가능해지고 있다. 정보기술 발달로 기존의 2D기반에서 사업 참여자들간의 협업을 원활하게 하고 설계, 시공, 유지관리 단계 정보를 공유가능한 BIM이 활용되고 있다. 또한 건설현장의 인력의 고령화, COVID-19 이후 미숙련 외국인 근로자의 증가, 현장 안전사고 증가 등 문제점을 해소하고 현장 작업을 최소화하기 위하여 공장에서 제조하는 방식을 선호하고 있다. 이처럼 공장에서 주요부재를 사전 조립하여 현장에 설치하는 방식을 공장 생산형 건설OSC이라고 부른다. 또한 건설 현장의 업무 생산성을 향상하기 위해 로봇 프로세스 자동화RPA를 도입하여 단순 업무시간을 대폭 절감해 건설 현장 디지털 혁신을 선도하고 있다. RPA는 사람이 처리해야 하는 정형화된 반복 업무를 로봇이 자동으로 처리하는 기술로써, 물리적 실체는 없지만 '사람'의 일을 대신하는 '로봇'의 활용성이 증대되고 있다.

디지털 트윈이란 말 그대로 가상 세계에서 현실과 똑같은 쌍둥이Twin를 3D 모델로 만들어 시뮬레이션으로 결과를 예측하는 기술이다. 사물인터넷IoT은 각종 사물에 센서와 통신 기능을 내장하여 인터넷에 연결하는 기술. 즉, 무선 통신을 통해 각종 사물을 연결하는 기술을 의미한다. 또한 PMIS(사업관리정보시스템)는 건설 생애주기 동안 일정 및 예산 등을 비롯한 모든 업무의 계획, 실행, 관리 등 정확한 정보를 공유하여 사업수행을 할 수 있게 하는 선진화된 관리시스템으로 소통 및 업무역량 강화, 신속 정확한 의사결정으로 사업정보관리를 효과적으로 사용할 수 있는 툴을 의미한다.

이러한 디지털화를 위해서는 프로젝트 관리가 디지털 환경으로 전환되어야 하며 모든 문서는 공동 데이터 환경Common Data Environment, CDE 속에서 관리할 필요가 있다. CDE는 프로젝트 참여자들 간의 정보를 수집하고, 관리하며, 공유할 수 있은 온라인 공간을 의미하며, 협업을 위해서는 정보의 일관성, 신뢰성, 프로세스의 표준화 등이 중요하다.

1) 건설정보모델링 BIM

건설정보모델링BIM은 건설 및 건축 산업에서 사용되는 디지털 기술이다.

국토교통부 건설산업 BIM 기본지침(2020)에 따르면 BIM이란 "시설물의 생애주기 동안 발생하는 모든 정보를 3차원 모델 기반으로 통합하여 건설 정보와 절차를 표준화된 방식으로 상호 연계하고 디지털 협업이 가능하도록 하는 디지털 전환Digital Transformation 체계"로 정의하고 있다. BIM은 건물 및 시설물에 대한 3D 모델링과 관련 정보를 통합적으로 관리함으로써 건설 프로세스의 효율성과 협업을 개선한다. 건축물의 생애주기에 걸쳐 발생하는 모든 정보를 통합·구현해 기획, 설계, 시공, 유지관리 단계의 사업정보를 통합 관리할 수 있게 한다. 설계 품질을 높이고 시공 오차를 줄이는 한편으로 건물 유지관리에도 도움이 된다. 특히 국내에서는 2030년까지 모든 공공 공사에 BIM을 의무 도입할 방침이다.

BIM을 통한 건설사업관리는 설계초기에 시뮬레이션과 시각화Simulation & Visualization을 통하여 다음과 같은 효과를 도출할 수 있으므로 이는 사업관리를 최적화 할 수 있는 핵심 도구로 활용될 수 있다.

- 설계 단계에서 프로젝트의 문제점을 사전에 파악할 수 있다.
- 사업관리자, 시공자 또는 이해관계자들 간에 실시간으로 정보를 공유할 수 있다.
- 정보교류를 통하여 사업의 효율성을 제고할 수 있다.
- 시공에서 발생할 수 있는 문제를 사전에 해결하여 일정, 비용 및 품질을 효율적으로 관리할 수 있다.
- 프로젝트의 리스크를 완화하거나 해결할 수 있다.

또한 BIM의 성공적인 활용을 위한 전략은 다음과 같다.[31]

31) 이강, 2011, 43가지 질문으로 읽는 BIM, 픽셀하우스

- 프로젝트 참여자 간 정보 공유 의지
- 고위 임원들의 리더십과 지원
- BIM을 지원할 수 있는 조직 체계
- 프로젝트참여자 간 효과적 협업
- 지속적 투자
- BIM 교육 프로그램
- BIM을 위한 표준 업무 프로세스

[자료 4-20]은 BIM 모델의 예를 보여준 것이다.[32)]

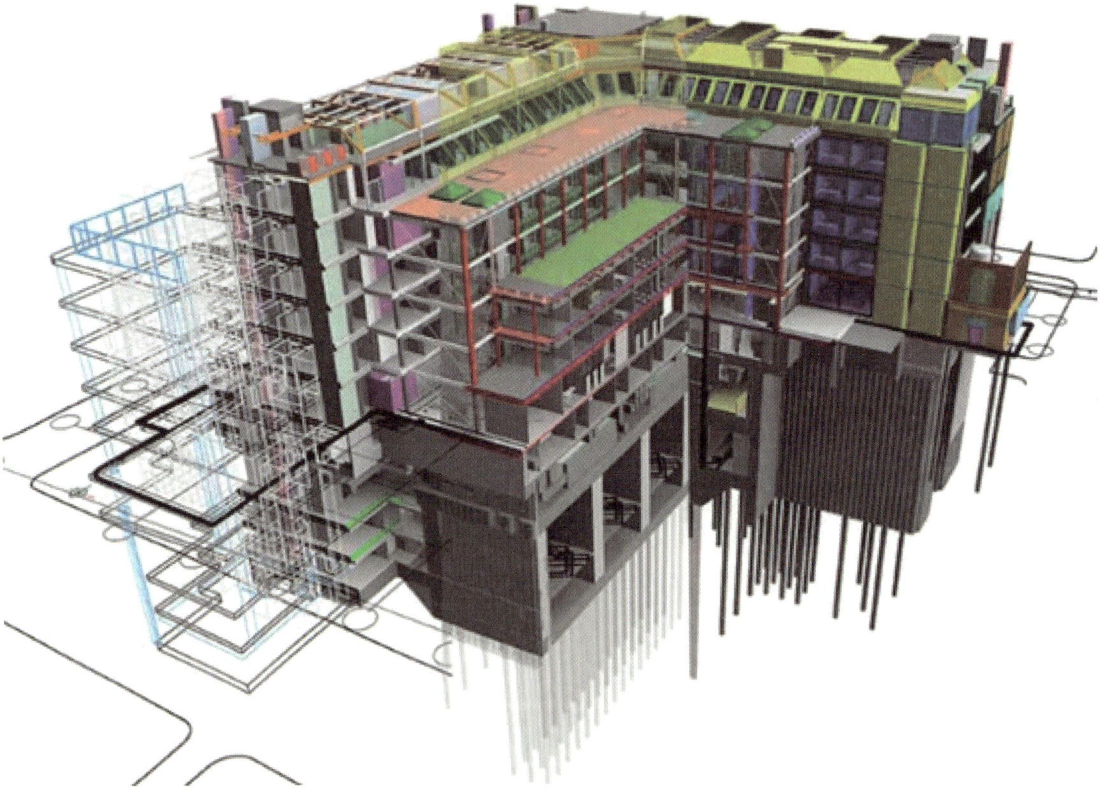

[자료 4-20] BIM 모델의 예

32) 출처 https://cemsolutions.org/introduction-to-building-information-modeling-bim/

2) 공장생산형 건축 Off-Site Construction, OSC

공장생산형 건축OSC은 건축 작업의 일부 또는 전체를 건설 현장이 아닌 공장에서 주요 건설부재를 생산하여 현장으로 운반, 조립하는 방식을 말한다. 이는 건설 현장에서의 인력과 재료의 낭비를 줄이고, 공장에서의 생산성과 품질을 향상시키는 것을 목적으로 한다. 건물과 시설물의 다양한 부분을 공장에서 제작하여 현장에서 설치한다. 이는 벽돌, 철근, 건축자재, 전기 및 배관 등 다양한 부분을 포함한다. 이를 통해 건축 구조재를 표준화, 부품화하여 생산 효율성을 높이고, 건축 및 건설사업관리의 전체적인 비용과 시간을 단축시키고, 안전성과 품질을 향상시킬 수 있으며, 건설 현장에서 인력의 부족과 재료의 낭비 문제를 해결하고, 더욱 안전하고 지속 가능한 건축물을 만드는 데 도움을 줄 수 있다.

건설산업의 환경 변화, 발주자의 높은 요구 수준, 4차 산업혁명 기술적용으로 인한 생산기술의 발전 등으로 인해 향후 OSC 관련 기술은 건설산업에서 혁신적인 기술로 자리 잡을 것으로 예상된다. 건설산업의 특성상 여전히 현장 생산방식이 주를 이루겠지만, OSC 방식을 사용한 혁신과 발전은 건설산업에 큰 변화를 가져올 것으로 생각된다. 관련 분야의 전략 수립과 기술개발을 통해 다가올 미래에 대비할 필요가 있다.

[자료 4-21]은 OSC 건축의 예를 보여준 것이다.[33]

[자료 4-21] OSC 건축의 예

33) 출처 https://www.designingbuildings.co.uk/wiki/Off-site_construction

3) 로봇 프로세스 자동화 Robot Process Automation, RPA

로봇 프로세스 자동화RPA는 소프트웨어 로봇을 사용하여 산업 및 업무 프로세스를 자동화하는 기술이다. RPA는 반복적이고 규칙적인 작업을 로봇이 대신 처리함으로써 인력과 시간을 절약하고, 정확성과 효율성을 높인다. 이를 통해 업무 생산성을 향상시키고 로봇이 아닌 사람들은 좀 더 사고를 하고 통찰력이 요구되는 업무에 더 많이 집중할 수 있을 것으로 본다.

RPA 도입시 이점으로 규칙적이고 정형적으로 반복되는 업무를 보다 신속하게 자동화를 구현 가능하며, 반복적이고 노동집약적인 작업의 소요시간은 줄일 수 있고, 정확도 및 품질을 향상시킬 수 있으므로 사업관리를 최적화할 수 있는 핵심도구로 사용될 수 있다.

RPA로 인한 이점은 아래 [자료 4-22] 에서 보는 바와 같다.[34)]

[자료 4-22] RPA의 이점

34) 출처 https://www.spheregen.com/rpa-is-more-than-a-cost-cutting-solution/

4) 디지털 트윈 Digital Twin

디지털 트윈의 개념은 2002년에 미국 마이클 그리브스Michael Grieves 박사가 제품생애주기관리Product Life cycle Management, PLM의 이상적 모델로 설명하면서 등장했다. 이 개념에 대해 나사NASA의 존 비커스John Vickers 박사가 '디지털 트윈'이라는 이름을 붙였고, 2010년 NASA가 아폴로 프로그램의 가상 우주시설 환경 내에서 시뮬레이션에 사용되는 가상 프로토타입에 디지털 트윈을 반영하면서 우주산업에서 계속 쓰여 왔다. 우주 탐사에서는 쌍둥이 개념이 오래 전부터 쓰였는데, 그때는 가상공간Virtual Space에 가상적 쌍둥이 모델을 만들 수 있을 만한 기술이 없었기 때문에 실제로 물리적 쌍둥이Physical Twin를 만들어서 사용하였다.

디지털 트윈은 현실 세계에 존재하는 사물, 시스템, 환경 등을 S/W 시스템의 가상 공간에 동일하게 가상화Virtualization하고, 실물 객체와 시스템의 동적 운동 특성 및 결과 변화를 S/W 시스템에서 모의Simulation할 수 있도록 하고, 모의 결과에 따른 최적 상태를 실물 시스템에 적용하고, 실물 시스템의 변화가 다시 가상 시스템으로 전달되도록 함으로써 끊임없는 순환 적응 및 최적화 체계를 구현하는 기술이다.

건설산업에서는 정보통신기술을 활용하여 시설물, 건축물, 도로 등의 건축물 정보와 위치정보, 환경정보 등을 디지털화하여 가상 세계에서 물리적인 세계를 모방하는 것이다. 이를 통해 현실 세계의 시설물 및 환경정보를 3D 모델링하여 가상현실Virtual Reality, VR과 증강현실Augmented Reality, AR 등에 적용할 수 있다.

이는 건축물 및 도시 계획 등 다양한 분야에서 활용될 수 있으며, 효율적인 시설물 관리와 유지보수, 안전한 건축물 설계 및 재해 대응 등에 큰 도움을 줄 수 있다. 예를 들어 신축 건물의 디자인이나 프로젝트의 창의적인 아이디어를 교환하고 안전, 실용성, 지속가능성을 사전에 확인할 수 있다. 또한 3차원의 시각화를 통하여 인허가 기관의 승인을 받는데 시간을 단축할 수 있다. 더욱이 시공 전 사업에 참여자들에게 최종 결과물을 보여줌으로써 상호 이해도를 높일 수 있으므로 사업관리를 최적화할 수 있는 핵심도구로 사용될 수 있다.

건설산업에서 디지털 트윈 적용시 이점은 다음과 같다.

- 가설공사, 골조공사, 마감공사 등에서 사전 시공성 확인
- 공항, 철도, 도로, 항만 등 대규모 토목공사에 활용 가능
- 의사결정 시간 단축
- 고객 만족도 향상
- 품질 향상
- 운영 효율성 개선
- 생산성 향상
- 공급망의 민첩성과 복원력 향상

5) 사물인터넷 Internet of Things, IoT

사물인터넷은 건설현장에 맞는 다양한 센서 장치를 알맞게 사용하면 더 다양한 방식으로 업무 효율을 극대화할 수 있다. 예를 들어 근로자의 안전모에 센서를 설치하여 근로자의 움직임을 모니터링하거나, 자재에 센서를 부착하여 시공계획도와 설계도면대로 자재가 설치되는지 확인할 수 있다. 이외에도 냉방, 난방, 환기, 실내의 온도조절, 습도조절, 미세먼지, 소방, 직접 디지털 제어Direct Digital Control System, DDCS, 침입 탐지 시스템Intrusion Detection Systems, IDS, 유틸리티 모니터링 제어 시스템Utility Monitoring and Control Systems, UMCS, 에너지 효율적 관리등에도 활용할 수 있다. 이러한 정보가 축적된다면 근로자의 장소별, 시간대별 안전작업을 유도하는 지표로 활용할 수 있다. 또한 기계, 전기, 소방 등 작업순서나 방식을 상황에 따라 변경해 현장의 작업 효율성을 높일 수 있을 것이다.

특히, 직접 디지털 제어DDCS는 온도, 습도, 공기 흐름 등과 같은 건물 내의 환경 요소를 제어하는 데 사용되는 시스템으로 온도 조절기와 같은 센서를 통해 건물 내의 환경을 모니터링하고 제어할 수 있으며, 침입 탐지 시스템IDS은 네트워크나 시스템에서 불법적인 접근이나 공격을 탐지하고 차단하는 데 사용되는 보안 시스템으로 네트워크 간섭을 모니터링하고 분석하여 의심스러운 활동을 탐지하고, 이에 대한 대응 조치를 취할 수 있다. 또한 유틸리티 모니터링 제어 시스템UMCS은 건물 내의 전력, 수도, 가스 등의 유틸리티 사용을 모니터링하고 제어하는 데 사용되는 시스템으로 유틸리티 사용량을 실시간으로 모니터링하고, 이를 기반으로 에너지 효율성을 개선하고 비용을 절감하는 데 도움을 준다.

건설현장에서 사물인터넷을 활성화하기 위해서는 BIM정보, 자재정보, 시공정보를 수집하고 재가공하여 활용할 수 있다. 센서를 활용하면 자재, 장비, 시공 관련 각종 정보를 수집할 수 있고, 이를 BIM 모델 데이터에 담아 시각화하거나 빅데이터 분석을 실시해 가공 데이터를 만들어 낼 수 있다. 가공된 데이터는 설계와 시공, 비용 절감 등에 기여할 수 있다. 이러한 사물인터넷 정보를 활용한다면 건설사업의 수행과정에서 빠른 의사결정과 이슈 관리에 유리할 것으로 판단된다.

6) 사업관리정보 시스템 Project/ Program Management Information System, PMIS

PMIS 시스템은 프로젝트 및 프로그램 관리를 위한 정보시스템을 의미한다.

이 시스템은 프로젝트 및 프로그램관리자와 팀이 건설사업을 효과적으로 계획, 추적, 모니터링하고 관리할 수 있도록 도와준다.

PMIS 시스템은 다양한 기능과 도구를 제공하여 프로젝트 및 프로그램 관리에 필요한 정보를 통합하고 제공한다.

이를 통해 프로젝트 및 프로그램관리자는 프로젝트의 상태, 진행 상황, 예산, 일정 등에 대한 실시간 정보를 얻을 수 있다. 또한, 위기관리, 품질 관리, 자원 할당 등 다양한 측면에서 프로그램을 효과적으로 관리할 수 있으므로 사업관리를 최적화 할 수 있는 핵심도구로 사용될 수 있다.

PMIS는 아래와 같이 3가지 특징을 가지고 있다.

(1) 보고 기능 Reporting

PMIS는 비용 및 일정계획을 기록하고, 진도를 측정하며, 프로젝트 및 프로그램의 상황에 대한 정보를 제공한다. 이를 통해 프로그램을 올바른 방향으로 이끌 수 있다. 무엇보다도 프로젝트 및 프로그램에 대한 가감 없는 상황을 보여주고 다른 전문가들이 경험을 간접적으로 접함으로써 이를 터득하게 할 수 있게 해준다.

(2) 문서화 및 의사소통 기능 Documentation & Communication

PMIS시스템은 프로젝트 및 프로그램의 정보를 문서화하고, 이 정보를 프로젝트 및 프로그램 수준으로 가공하며 건설사업에 참여하는 모든 이해관계자가 허용된 범위에서 손쉽게 정보에 접근하게 한다.

(3) 관리기능 Control

PMIS는 수동적인 시스템이 아니다. 이 시스템은 관리자가 확장된 조직을 관리하고 지시하는데 사용된다. 이를 위한 업무형식과 절차가 만들어지기도 한다.

PMIS는 다음 [자료 4-23]에서 보는 바와 같이 프로젝트 및 프로그램의 이해관계자들이 커뮤니티 속에서 정보를 공유하고 협업하는 기능을 가지며 WBS Work Breakdown Structure, OBS Organizational Breakdown Structure, CBS Cost Breakdown Structure의 틀 속에서 프로젝트의 프로세스 관리를 지원하는 기능을 갖는다.[35)]

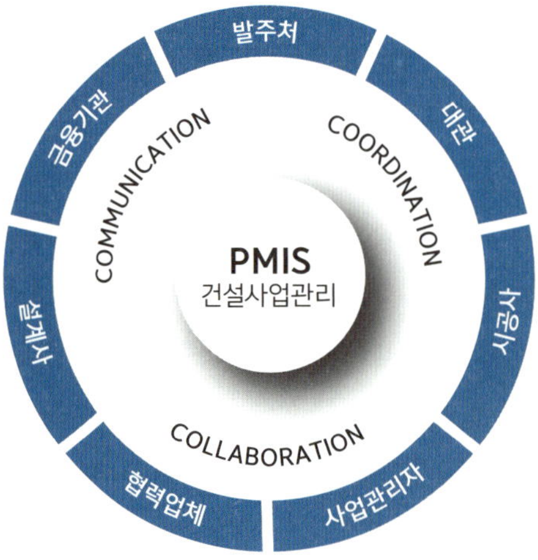

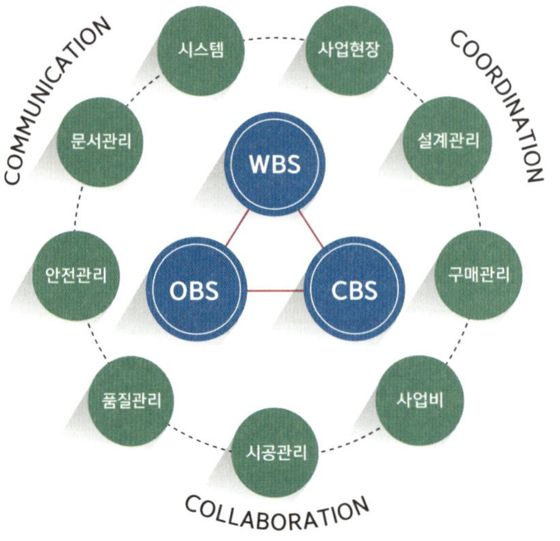

[자료 4-23] PMIS체계 및 WBS-OBS-CBS 상관관계

35) 한국조달연구원, 노아테크놀로지, 2006, 공사관리 정보화 추진방향 수립 연구

PMIS 시스템은 일반적으로 프로젝트 관리 소프트웨어, 데이터베이스, 웹 기반 인터페이스 등의 요소로 구성된다. 이를 통해 프로그램관리자와 팀원들은 협업하고 정보를 공유할 수 있으며, 의사결정을 지원하는 도구와 분석 기능으로 활용할 수 있다.

14.2 디지털화 통합관리의 효과
Improved Efficiency of Digitalized Integration Management

건설사업관리 분야에서 건설정보모델링BIM, 공장생산형 건축OSC, 로봇프로세스 자동화RPA 및 디지털 트윈Digital Twin, 사물인터넷IoT, 사업관리정보시스템PMIS 기술을 통합하여 사업관리를 최적화할 수 있다. 디지털화Digitalization란 디지털 전환기술을 융합하여 건설생산 활동에 적용함으로써 목적물을 최적화 생산하는 기법을 의미한다. 건설사업의 계획 단계, 설계 단계, 시공 단계, 유지관리 단계에서 발생할 수 있는 문제점과 리스크를 사전에 식별, 분석, 해결함으로써 사업 일정을 준수하고 비용을 절감하며 품질, 안전, 환경을 유지할 뿐만 아니라 고객의 가치를 실현할 수 있다.

글로벌 건설시장에서는 건설사업관리에 디지털기술을 접목, 활용하여 생산성과 부가가치 향상, 리스크 감소, 친환경성 증가 등 효과를 나타내고 있다.

건설사업관리 분야에서 활용하고 있는 대표적인 디지털 통합기술로 미국에서 개발된 클라우드 기반의 프로코어Procore는 건설사업관리 플랫폼이다. 프로코어는 실제 건설과정에서 벌어지는 의사소통 문제를 해결하고 건설사업에 참여하는 이해관계자들이 데이터를 공유하고 일정, 비용 등의 변경에 즉각적으로 대응할 수 있도록 지원한다.

결론적으로, 디지털 통합관리 효과는 건설사업관리에서 매우 중요한 역할을 한다. 건설정보모델링BIM, 공장생산형 건축OSC, 로봇 프로세스 자동화RPA, 디지털 트윈Digital Twin, 사물인터넷IoT, 사업관리정보시스템PMIS 기술을 활용하여 사업 관리를 최적화하고, 효율성을 높일 수 있다. 이를 통해 건물의 안전성, 에너지 효율성, 운영 최적화 등을 향상시킬 수 있다. 이러한 디지털화는 건설산업의 발전에 큰 기여를 할 수 있을 것이며 건설산업의 경쟁력을 강화하고 혁신을 이끄는 데 중요한 역할을 할 것이다.

“「건설사업관리의 성공전략」은
철저한 계획과 세심한 실행이 성패를
좌우하는 건설사업관리의 본질을
친절하고 체계적으로 풀어내어,
실무에 바로 적용할 수 있는
유용한 전략들을 제시하고 있습니다.”

– 한국건설기술인협회 회장 윤영구

최근 대구·경북 통합 신공항, 가덕도 신공항, 대구 미군 부대 통합 이전 등 대규모 사업들이 많이 추진되고 있다. 인천국제공항 건설사업과 주한미군기지 평택이전사업의 건설사업관리PgM사례에서 보는 바와 같이 대규모 국책사업에서 발주자의 가치Value를 실현하기 위해서 건설사업관리는 매우 중요한 역할을 수행하였다.

PgM은 아직까지 국내에서 활용 사례가 많지 않아 용어의 정의, 업무 내용, 대가 기준, 조직 구성에 대해 이해가 부족한 실정이다.
PgM은 단일 사업을 관리하는 것이 아닌, 다수의 사업을 관리하는 것을 의미하며, 업무내용은 발주자의 가치 실현에 필요한 모든 업무를 포함한다. 조직은 발주자의 조직에서 수행하기 어려운 전문 역량을 제공하며 발주자와 통합된 조직으로 구성된다.

공항과 같은 복잡한 업무를 성공적으로 수행하기 위해 다수의 프로젝트 관리 경험을 가진 전문가 집단을 투입하여야 전문적이고 통합적인 관리가 가능해진다.
PgM에서는 다양한 참여자들 간 소통하는 언어를 통일하기 위해서 사업관리 절차, 업무절차를 표준화하는 것이 성공요인이다.

결국, 사업을 효과적이고 효율적으로 수행하기 위해서 발주자와 사업관리

에필로그

전문 업체와 공동수행하거나, 전문성을 가진 사업관리 업체에게 위탁하여 사업을 진행하게 된다.

본서가 제시하는 「건설사업관리의 성공전략」3P & DX; People, Process, Product and Digital Transformation은, 발주자가 원하는 결과물Product과 그 결과물을 만들어 가기 위한 프로세스Process와 이를 실행할 사람들People을 결합하여 최적의 결과물을 도출해 나가는 것이다. 대규모 건설사업관리에서 많은 정보를 전통적인 방식으로 해결하기보다는, 지시·주도 혼합형 관리, 비용일정통합관리, 최적화 관리 등의 프로세스 혁신과 함께, 건설정보모델링BIM 적용, 사물인터넷, 사업관리정보시스템PMIS 활용, 로봇프로세스 자동화 등을 통한 디지털 전환이 필요하다.

지금까지 건설사업관리에 관한 서적들은 주로 비용 절감과 공사 기간 단축을 핵심 성공 요인으로 제시하였다. 그러나 아쉽게도 지금까지 수행된 대규모 프로젝트에서 공사 기간 단축보다는 공기가 증가하고, 비용 절감보다는 최초 계획한 예산을 초과한 사례가 대부분을 차지하였다.

대규모 공항이나 군부대 이전 사업과 같은 복잡하고 이해관계자가 다수인 건설 프로그램들은 독특한 도전과 과제를 가지고 있다. 따라서, 본서가 제시하는 건설사업관리 성공 전략을 적절히 활용한다면 독자가 원하는 목표와 가치를 실현할 수 있을 것으로 확신한다.

REFERENCE

참고문헌

1. 가덕도신공항 건설을 위한 특별법령.
2. 건설기술진흥법령.
3. 건설산업기본법령.
4. 건설산업연구원, 건설동향브리핑 930호.
5. 건축사법령.
6. 국가를 당사자로 하는 계약에 관한 법령.
7. 국방부, 2019, 주한미군기지 평택이전사업 종합사업관리Program Management.
8. 국방부 주한미군기지이전사업단, 2018, 주한미군기지이전 백서, YRP사업 10년의 발자취.
9. 국토교통부, 2014, 건설엔지니어링 해외진출 전략과 정책방안 연구.
10. 국토교통부, 2018, 스마트건설기술 로드맵.
11. 국토교통부, 2020, 건설공사 사업관리방식 검토기준 및 업무수행지침, 국토교통부 고시 제2020-987호.
12. 국토교통부, 2020, 건설산업 BIM 기본지침.
13. 국토교통부, 2021, 제6차 공항개발 종합계획(2021-2025)
14. 국토교통부, 2022, 공공공사 PM 활성화를 위한 제도개선방안, PM 글로벌 경쟁력 강화 포럼 세미나 자료집.
15. 김연명, 민영기, 박준철, 윤영표, 2021, 스무살 인천공항 이야기, 북치는 마을.
16. 김우영, 2020, 대형 국책사업의 종합사업관리 문제점과 대응 방안, 건설이슈 포커스, 한국건설산업연구원.
17. 김우영, 2022, 건설산업의 디지털 전환 동향과 대응 방향, 건설이슈 포커스, 한국건설산업연구원.
18. 김종훈, 2020, 프리콘: 시작부터 완벽에 다가서는 길, 엠아이티, 서울.
19. 김한수, 2023, 젊은 엔지니어 유입과 성장기반 구축, E&E포험 제2회 세미나 자료집
20. 대한경제, (뉴스포커스) 시공책임형 CM 집행 2년... 업계가 제기하는 문제점은, 2018.11.29.
21. 박환표, 이교선, 지상욱, 박상훈, 2002, 건설엔지니어링업체의 기술경쟁력 강화방안, 한국건설관리학회 논문집, 3(3), 66-74.
22. 산업표준심의회, 2024, 프로젝트, 프로그램 및 포트폴리오 관리-프로그램 관리 가이던스 KSA ISO 21503-2022.
23. 서울대학교 건설환경종합연구소, 2017, 건설 엔지니어링 업계의 글로벌 경쟁력

강화 방안.
24. 서울시립대학교 외, 2014, 복합용도 도시재생 기반기술 개발 최종보고서, 국토교통부, 국토교통과학기술진흥원.
25. 서울시립대학교 외, 2022, 디지털 트윈을 이용한 스마트시티 서비스 가상화 기술 개발 최종보고서, 국토교통부, 국토교통과학기술진흥원.
26. 소방시설공사업법령.
27. 엔지니어링산업진흥법령.
28. 엔지니어링 데일리, (발언대)가덕도 신공항 건설, 성공적인 사업수행을 위한 제언, 2024. 10. 7.
29. 유정호, 2024, 건설엔지니어링의 미래상과 고부가가치화를 위한 국가전략 제안, E&E포험 제3차 세미나 자료집.
30. 이강, 2011, 43가지 질문으로 읽는 BIM, 픽셀하우스, 서울.
31. 이동길, 2013, PMO 프로젝트 라이프 사이클 관리, 유원북스, 서울.
32. 이복남, 2020, 세계 최고의 공항이 된 인천국제공항의 건설사업을 성공으로 이끈 PMC 이야기, 서울대학교 건설환경연구소.

33. 이복남, 이슬기, 2021, 디지털시대에 부상하는 PM 사용법: 흔한 질문, 그러나 명쾌한 대답, 서울대학교 건설환경종합연구소, 대한경제.
34. 이우연, 2023, 대규모 국방·군사시설 이전사업 시사점: 주한미군기지 이전사업을 중심으로, 월간국토, Vol. 500, 국토연구원.
35. 이우연, 이승훈, 차용운, 현창택, 2020, 건설프로그램 종결단계의 업무프로세스 도출, 한국건설관리학회 논문집, 21(2), 70-78.
36. 이우연, 이승훈, 현창택, 이상훈, 2022, 대형 국책사업의 프로그램 정의단계 핵심성공요인 도출: 용산공원 조성사업을 중심으로, 한국건설관리학회 논문집, 23(1), 54-63.
37. 이찬식, 임형윤, 황종현, 2024, 탄탄한 공학기술 기반 PM·CM 고수되기: 테크노 PM·CM, 한솔아카데미.
38. 이형락, 유정호, 이슬기, 2011, 성공적인 프로젝트 수행을 위한 건설사업관리자의 개인역량모델, 대한건축학회논문집 구조계, 27(8), 139-146.
39. 인천국제공항공사, 2001, 인천국제공항(1단계) 건설사업관리 건설사지, 인천.
40. 인천국제공항공사 보도자료, 2021, 인천공항 세계공항 최초로 ACI 고객경험 인증 최고등급 획득.

41. 재난안전관리법령.

42. 전기공사업법령.

43. 정영수, 우성권, 박지효, 강승희, 이영환, 이복남, 2004, 건설사업관리에 대한 발주자 업무기능 역량 평가, 한국건설관리학회 논문집, 제5권 제3호.

44. 정창희, 2024, 反글로벌 한국엔지니어링, 엔지니어링데일리.

45. 주한미군기지이전에 따른 평택시 등의 지원 등에 관한 법령.

46. 주택법령.

47. 진경호, 박승국, 2021, 미래 건설산업의 넥스트노멀 '스마트 건설', 대한건설정책연구원 학술도서.

48. 피엠피지엠, 서울시립대학교, 2017, 대형건설 프로그램 관리를 위한 범용 사업관리시스템 개발 최종보고서, 국토교통부, 국토교통과학기술진흥원.

49. 한국건설관리학회 역, 2011, 건설 프로그램 관리(원서: Chuck Thomsen, FAIA, FCMAA 저, Program Management) 제2판, Spacetime.

50. 한국건설기술연구원, 2020, 스마트 건설기술 개발 역량 강화 및 전략 수립연구.

51. 한국조달연구원, 노아테크놀러지, 2006, 공사관리 정보화 추진방향 수립 연구.

52. 현창택, 이우연, 이승훈, 김옥규, 김우영, 차용운, 최재현 역, 2023, 성공적인 사업 수행을 위한 전략: 프로그램 관리(원서: Michel Thiry 저, Program Management), 한국건설관리학회, 씨아이알, 서울.

53. Axelos, 2017, Managing Successful Projects with PRINCE2, 6th.

54. Axelos, 2020, Managing Successful Programmes, 5th edition, The Stationery Office, UK.

55. CMAA, 2003, Program Management Procedure.

56. CMAA, 2015, Construction Management Standard of Practice.

57. CMAA, 2021, Construction Management Standard of Practice.

58. Denicol, J., Davies, A., & Krystallis, I., 2020, What Are the Causes and Cures of Poor Megaproject Performance? A Systematic Literature Review and Research Agenda. Project Management Journal, 51(3), 328–345. https://doi.org/10.1177/8756972819896113.

59. FED Specification, 2023.

60. Flyvbjerg, B., 2017, The Oxford Handbook of Megaproject Management, Oxford University Press.

61. Flyvbjerg, B., Gardner, D., 2023, How Big Things Get Done: The Surprising Factors That Determine the Fate of Every Project, from Home Renovations to Space Exploration and Everything In Between, Penguin Random House.
62. ISO, 2017, ISO 21503 Project, Programme and Portfolio management-Guidance on Programme Management.
63. McClelland, D.C., 1993, Introduction. In: Spencer, L.M. and Spencer, S.M., Eds., Competence at Work: Models for Superior Performance, John Wiley and Sons, New York.
64. Misic, S., Radujkovic, M., 2015, Critical Drivers of Megaprojects Success and Failure, Procedia Engineering, 122, 71-80.
65. Pinto, J.K., Mantel. S,J., 1990, The Causes of Project Failure. IEEE Transactions Engineer. Manage, 37(4), 269-276.
66. PMI, 1996, A Guide to the Project Management Body of Knowledge(PMBOK Guide)
67. PMI, 2021, A Guide to the Project Management Body of Knowledge (PMBOK Guide) 7th edition and The Standard for Project Management.
68. PMI, 2017, The Standard for Program Management, 4th edition.
69. PMI, 2024, The Standard for Program Management, 5th edition.
70. Thiry, M., 2015, Program management, Gower Publishing Company.
71. Thomsen, C., and Sanders, S., 2011, Program Management 2.0, FAIA, FCMAA.
72. Udo, N. & Koppensteiner, S., 2004, What are the core competencies of a successful project manager? Paper presented at PMI® Global Congress 2004—EMEA, Prague, Czech Republic. Newtown Square, PA: Project Management Institute.
73. USACE, 2005, USACE ECB 2005-10 Scheduling Requirements for Testing of Mechanical Systems in Construction Contracts.
74. Woo-yeon Lee, Seung-hoon Lee, Chengquan Jin and Chang-taek Hyun, 2021, Development of the RACI Model for Processes of the Closure Phase in Construction Programs, Sustainability, 13(4), 1-26.
75. https://www.spheregen.com/rpa-is-more-than-a-cost-cutting-solution/
76. https://cemsolutions.org/introduction-to-building-information-modeling-

bim/

77. https://www.designingbuildings.co.uk/wiki/Off-site construction
78. https://www.networkscaffold.co.uk/legal-requirements-scaffolding/

INDEX

색인

색인

필자 소개

이교선 PhD, PE

학력
경희대학교 건축공학과 (건축공학 학사)
고려대학교 대학원 (건축공학 석사)
가천대학교 대학원 (도시계획학 박사)

자격
건축시공기술사

경력
현대건설 근무
STX 건설 근무
일진건설 대표이사
가천대학교 교수 역임
대한국토도시계획학회 이사 역임
한국주택협회 운영홍보위원회 부위원장 역임
한국소비자원 소비자분쟁조정위원회 비상임위원 역임
한국건설엔지니어링협회 이사
한국CM협회 이사
한국공학한림원 정회원
현 ㈜토펙엔지니어링건축사사무소 부회장

표창
노동부장관 표창
대통령 표창

황충규 PE, PMP, CCM

학력
전북 익산 남성고등학교 졸업
한양대학교 건축공학과 (건축공학 학사)
서울대학교 환경대학원 (환경계획학 석사)

자격
소방설비기사 1급
건축기사 1급
건축시공기술사, PMP, CCM

경력
여주대학교 건축과 겸임교수 역임
한국화재보험협회 근무
한국화재보험협회 방재설비 핸드북 편집위원 역임
현대건설, 두산건설 등 근무
건축시공학(신기술, 신공법) 저술(공저)
한국건설기술인협회 대의원 역임
한국건축시공학회 이사 역임
한국건설감리협회 건설관리위원회 위원 역임
한국CM협회 정책분과위원회 위원 역임
서울지방국토관리청 설계자문위원 역임
건설교통부 중앙건설기술심의 위원 역임
한국건설교통기술평가원 신기술심사위원 역임
주한미군기지이전사업 PMC 본부장 근무
현 ㈜토펙엔지니어링건축사사무소 부사장

표창
건설교통부 장관 표창(2회)
성남시장 표창

Certification of Appreciation
US-ROK Design & Construction Agents

필자 소개

이우연 PhD, PE, CEPM, PMP

학력
서울시립대학교 도시과학대학원 (건축공학 석사)
서울시립대학교 일반대학원 (건축공학 박사)
서울대학교 엔지니어링 프로젝트 매니지먼트(EPM) 과정 수료

자격
건축시공기술사, PMP, CMP, CEPM

경력
국방시설본부, 주한미군기지이전사업단 근무
국토교통부 용산공원조성추진단 근무
대통령 소속 국가건축정책위원회 자문위원
국토교통부 종합사업관리 정책지원 TF 위원
건설기술교육원 외래강사
한국건설관리학회 종합사업관리(PgM) 위원회 위원장(12대·13대)
한국건설기술인협회 정책제도개선위원회 위원
한국산업인력공단 기술사 시험위원
한국VE 연구원 이사
국방부·조달청·서울특별시·GH 평가위원 역임
Contributor and Reviewer, The Standard for Program Management 5th, 2024, PMI
성공적인 사업 수행을 위한 전략, 프로그램 관리, 번역서 역자
현 ㈜토펙엔지니어링건축사사무소 전무

표창
대통령 표창
국무총리 표창
국토교통부 장관 표창
부총리겸 교육부장관 표창
국방부 장관 표창

감수자

현창택 PhD, PE, CVP

학력

서울대학교 건축학과 (건축공학 학사)
서울대학교 대학원 (건축공학 석사)
서울대학교 대학원 (건축공학 박사)
University of Illinois at Urbana-Champaign(Post Doc.)
University of Colorado at Boulder(연구교수)

자격

건축시공기술사, CVP, AVS

경력

삼성종합건설
서울대학교 건축학과
경성대학교 건축공학과
연변대학교 겸임교수
대한상사중재원 중재인
대한주택공사, 한국도로공사 설계자문위원
서울시 건설기술심의위원
국방부 특별건설기술심의위원
건설교통부, 국토해양부 중앙건설기술심의위원
새만금개발청 기술자문위원
제주국제자유도시개발센터 정책자문위원, 기술자문위원
서울주택도시공사 건설기술자문위원 등
현 서울시립대학교 명예교수
현 대한건축학회 참여이사
현 한국VE연구원 이사장
현 (주)PMPgM 대표

표창

홍조 근정훈장
국토교통부장관 표창
건설교통부장관 표창
서울시장 표창

건설사업관리의
성공전략
SUCCESSFUL STRATEGY FOR
CONSTRUCTION PROJECT MANAGEMENT

2024년 11월 5일 1쇄 발행

저　자 이교선 · 황충규 · 이우연
감　수 현창택
발행인 김기현
발행처 시공문화사 Spacetime Pub.
편집/디자인 아키스토리 jade-comm@hanmail.net

등록 1993년 3월 12일
주소 서울시 서대문구 독립문공원길 13 극동프라자 5층

전화 02) 3147-1212
팩스 02) 3147-2626

http//www.spacetime.co.kr
spacetime@korea.com

ISBN 978-89-5592-483-1
정가 25,000원